Elisa S. Suter

Mein Hund und ich –
eine magische Partnerschaft

Kundenstimme

Susanne Schneider

Liebe Elisa, ich durfte dich glücklichweise letztes Jahr mit meiner einjährigen Bernhardinerhündin (aus meiner eigenen Zucht) kennen- und schätzen lernen. Ich war am Anfang skeptisch, doch nach unserem zweiten Treffen hat mich deine Art, mit dem Hund und seinem Besitzer umzugehen, überzeugt. Ich kannte meinen Hund nicht mehr, als du mir gezeigt hast, dass ich zuerst an mir arbeiten muss, damit sich mein Hund als Partner voll und ganz auf mich verlassen kann. Ich habe durch dich gelernt, dass mir mein Hund so vieles zeigt und möchte, dass ich verstehe; ich darf sie nicht einfach in eine Schublade stecken. Ich wende das Gelernte bei meinen beiden Bernhardinerhündinnen an und es ist so schön und faszinierend zu sehen, wie sie auf deine Sprache "Hündisch" reagieren und wie sie mir sowie auch dem Rudel immer mehr vertrauen. Ganz herzlichen Dank für deine wertvolle Unterstützung mit deinem ernomen Wissen über Hunde und deren Wesen. Ich habe in dir einen sehr wertvollen und liebenswürdigen Menschen kennenlernen dürfen! Liebe Grüße und bis bald, Susanne

Kundenstimme

Mirjam Hill

Ich habe nach jemandem gesucht, der mir helfen kann, meinen Hund zu verstehen, damit ich auf ihn eingehen und so ein festes Band zwischen uns entstehen kann. Ich dachte, eine Hundeschule sei dafür perfekt geeignet. Anfangs noch voll überzeugt und motiviert, merkte ich dann aber schnell, dass das System "Befehl-Gehorsam-Belohnung" zwar einigermaßen funktioniert, aber ja eigentlich überhaupt nicht artgerecht ist. Ich habe ein solches Verhalten in der Natur noch nie beobachtet. Also suchte ich weiter, habe mich informiert und war schon bereit, einen Kurs in Deutschland zu absolvieren, als ich auf deine Homepage gestoßen bin. Ich wusste sofort: Diese Frau spricht mir total aus dem Herzen und hat verstanden, worum es in der Beziehung zum Hund geht! Kein stumpfsinniges Manipulieren oder Dressieren, sondern ganz einfach eine Basis schaffen von gegenseitigem Respekt und Vertrauen. Punkt. Ich bin froh und dankbar, dass wir den Weg zu dir gefunden haben. Liebe Elisa, danke, dass es dich gibt und dass du uns hilfst, artgerecht mit Hunden umzugehen, so wie es uns die Natur vorlebt. Du bist ein Geschenk des Hundehimmels für uns Menschen!

Elisa S. Suter

Mein Hund & Ich
Eine magische Partnerschaft

Silberschnur Verlag

ISBN: 978-3-96933-008-1

1. Auflage 2021

Gestaltung & Satz: XPresentation, Güllesheim
Umschlaggestaltung: XPresentation, Güllesheim; unter Verwendung verschiedener Motive von © Erik Lam; © Svetlana Ileva; www.shutterstock.com
Druck: Finidr, s.r.o. Cesky Tesin

Verlag »Die Silberschnur« GmbH · Steinstraße 1 · D-56593 Güllesheim
www.silberschnur.de · E-Mail: info@silberschnur.de

INHALT

1.

DER DOG WHISPERER

Erlauben Sie mir, unmittelbar einzusteigen, ohne umständliche Einleitung. Der Titel des vorliegenden Buches heißt "Mein Hund und ich - eine magische Partnerschaft", und die folgenden Seiten beschreiben eine neue, tatsächlich revolutionäre Methode für eine magische Partnerschaft mit einem Hund.

Wahrscheinlich kommt in diesem Zusammenhang sofort die Assoziation mit dem "Hundeflüsterer" auf. Im Deutschen wurde jedenfalls das Wort "Hundeflüsterer", im Englischen der Ausdruck "Dog Whisperer" populär. Hierbei handelt es sich um eine Parallelwortbildung zu dem Ausdruck "Pferdeflüsterer", der inzwischen allseits akzeptiert ist in der Literatur.

Bei dem *Pferdeflüsterer (Horsewhisperer)* handelt es sich um einen amerikanischen Spielfilm von und mit Robert Redford, der auf dem gleichnamigen Roman von Nicholas Evans beruht, einem englischen Schriftsteller, dessen Buch sich jahrelang in den internationalen Bestsellerlisten hielt. Kurz gesagt gelingt es dem ***Pferdeflüsterer*** oder ***Horsewhisperer*** mit einer völlig neuen und andersartigen Methode, ein traumatisiertes Pferd zu heilen. Obwohl sich der *Pferdeflüsterer* nicht als Arzt für hoffnungslose Pferde betrachtet, vermag er es, nicht nur das Pferd, sondern auch eine junge Reiterin, die bei einem Unfall mit einem Pferd schwer verletzt wurde, aus ihrer Depression zu holen. So weit der Film.

In der Realität existieren diese ***Pferdeflüsterer*** tatsächlich, und sie alle bekennen sich zu gewaltfreien Methoden, wenn es um die "Erziehung" von Pferden geht. Sie setzen auf eine Körpersprache, die dem Pferd verständlich ist, bringen ein unglaubliches Verständnis für das Tier auf und nähern sich ihm auf eine sanfte, liebevolle Art und Weise. Sie kultivieren die Kunst der genauen Beobachtung und verfügen über ein enormes Einfühlungsvermögen. Tatsächlich erfanden sie Methoden, die in der Folge sogar in Managementseminaren gelehrt wurden, um auch die ***zwischenmenschliche*** Kommunikation zu verbessern. Der bekannteste Pferdeflüsterer der Geschichte ist wahrscheinlich Monty Roberts, der auch als ***Zen-Meister*** der Pferde bezeichnet wurde oder einfach als ***Der mit den Pferden spricht.***

Der "Hundeflüsterer" ist nun eine Wortschöpfung, die sich an den Ausdruck "Pferdeflüsterer" anlehnt. Besser als das deutsche Wort ***flüstern*** ist meines Erachtens jedoch der englische Ausdruck ***whisper,*** denn ***to whisper*** bedeutet so viel wie ***wispern*** oder ***(zu-)flüstern***. Inzwischen erhielt das Wort jedoch eine völlig neue, zusätzliche Bedeutung, heute verfügt es über einen fast magischen Klang. Bedingt wurde dies durch verschiedene ***Dog Whisperer***, die entdeckten, dass man mit Hunden ganz anders umgehen musste, als man zuvor angenommen hatte.

Aber selbst die begnadetsten Dog Whisperer entdeckten nicht, dass es noch mehrere Stufen ***über*** den Methoden gab und gibt, die sie selbst benutzten und benutzen. Durch ein weitaus tieferes Verständnis kann man mit Tieren eine so direkte, unmittelbare Kommunikation herstellen, wie sie für viele wahrscheinlich undenkbar ist. Man kann sich auf die gleiche Wellenlänge einstimmen und dadurch so mit dem Tier kommunizieren, wie es noch nie möglich war.

Fast handelt es sich um eine "übersinnliche" Methode, obwohl diese Beschreibung mit einer gewissen Vorsicht zu genießen ist, denn sie suggeriert, dass man sie nicht lehren kann und es nur einige wenige Menschen oder Eingeweihte gibt, die sie ausüben können. Aber meine Erfahrung bestätigt mir immer und immer wieder, dass man diese Fähigkeit auch erlernen kann. Man kann sie begreiflich machen und ohne Weiteres mitteilen und lehren, sofern eine Person nur guten Willens und bereit ist, sich auf eine vollständig neue Erfahrung einzulassen. Der erste Schritt besteht jedenfalls darin, den Hund auf eine ganz andere Art zu sehen, als man das bisher vielleicht gewohnt war. Und er besteht darin, etwas an sich selbst zu ändern, indem man ... Aber greifen wir nicht vor. Befassen wir uns zunächst noch einmal mit dieser Art der außergewöhnlichen Kommunikation.

DIE SPRACHEN DER TIERE

Persönlich glaube ich nicht, dass es nur Menschensprachen gibt. Sprachwissenschaftler stellten fest, dass es rund 6000 bis 8000 Menschensprachen auf Planet Erde gibt - die wichtigsten sind Mandarin, die chinesische Hochsprache sowie Englisch, gefolgt von Hindi, die neuindische Amtssprache, Spanisch, Russisch, Arabisch, Bengalisch, Portugiesisch, Indonesisch, Französisch, Japanisch und Deutsch.

Ich nehme an, dass es zudem Millionen und Abermillionen von Tiersprachen gibt. Weiter glaube ich, dass sich viele Tiere auf einem weitaus höheren Niveau befinden, als ihnen allgemein zugestanden wird.

Längst haben Verhaltensforscher, Zoologen und Biologen versucht herauszutüfteln, ob nicht auch Tiere miteinander "sprechen" können - zumal Affen (also Tiere) angeblich "das Material stellten", aus dem sich einst der Mensch entwickelte. Immerhin ist dies erstaunlich: Schimpansen, die gemäß der Evolutionstheorie unsere Vorläufer sind, verfügen zumindest über eine gewisse Sprachbegabung. Mithilfe der Zeichensprache und Computertastaturen können einige Schimpansen bis zu 150 Wörter verstehen. Der Graupapagei beherrscht sogar bis zu 1000 Wörter.

Mit einigen intelligenten Hunden können Menschen, die sich auf die "Welt" ihres Hundes eingestellt haben, ebenfalls eine erstaunliche Kommunikation erleben. Der Hund ist zu Lauten fähig wie der Mensch, er presst Laute, die wir als "Bellen" bezeichnen, aus dem Brust- und Kopfraum heraus, nicht anders als wir Menschen. Er kann knurren, winseln, hohe und tiefe Töne produzieren, Töne von unterschiedlicher Lautstärke und er "kommuniziert" ganz zweifelsfrei damit. Der Hund kann fröhlich erregt bellen, er kann Angst ausdrücken, Zorn und Wut - und also offenbar Emotionen. Auf viele Wörter und Anweisungen seines "Herrchens" oder "Frauchens" reagiert er punktgenau. Ist "Sprache" also sehr, ***sehr*** viel älter, als wir bislang zu denken gewagt haben? Und gibt es vielleicht Tausende von Sprachen, ja Millionen von Tiersprachen, die wir nur noch nicht entziffert und entschlüsselt haben?

Immer wieder begegnen wir Tierliebhabern, die sich offenbar auf die "Wellenlänge" eines Tieres einstellen können. Weiter verfügen bestimmte Tiere fraglos über eine gewisse Intelligenz. Als besonders klug gelten Delphine, Elefanten und Wale etwa.

Zumindest ansatzweise erforscht ist der "Walgesang", der ebenfalls auf eine Sprachfähigkeit hindeutet. Wale können schlecht sehen oder riechen, aber sie orientieren sich offenbar hervorragend durch Töne. Diese Töne, die "Walgesänge", wurden bereits durch Unterwassermikrofone für Menschen hörbar gemacht.

Menschen bringen Töne (und also Sprache) hervor, indem sie Luft durch den Kehlkopf strömen lassen. Im Kehlkopf befinden sich schwingungsfähige Hautfalten, die durch Luft aus dem Brustkorb in Schwingungen versetzt werden. Der Mensch kann viel oder weniger Luft durch diesen Kehlkopf pressen, er kann ihn öffnen und schließen. Natürlich spielen in der Folge auch die Lippen, die Zunge, die Kehle und der Gaumen eine Rolle, die in der Folge verschiedene Laute hervorbringen können. Aber grundsätzlich ist die Kontrolle der Luft durch einen Kehlkopf, durch einen eigenen "Sprechapparat", entscheidend, es handelt sich um ein physikalisches Phänomen.

Um den Bogen wieder zu schlagen: Bei den Walen entstehen Töne ebenfalls durch die Kontrolle der Luft. Bei einer bestimmten Walart, die Klick- und Pfeiftöne von sich gibt, entstehen eben diese Töne durch eine Raumstruktur im Kopf, neben der sich mehrere Luftsäcke befinden, in denen Luft gespeichert werden kann. Und so gibt diese Walart gewisse Töne von sich, indem sie mit der Luft und der Raumstruktur im eigenen Kopf jongliert.

Abstrahiert man noch weiter, so erkennt man sehr schnell, dass man, um Töne zu produzieren, 1. einen Raum benötigt und 2. die Kontrolle über die Energie in diesem Raum, die Luftenergie in unserem Fall, ausüben muss. Weiter muss man den Fluss, die Richtung und die Stärke dieser Energie in diesem Raum regeln können. Und so entsteht Sprache. Sprache ist ein physikalisches Phänomen, das nicht ohne Raum und Energie denkbar ist. Theoretisch und praktisch gibt es also Zehntausende von Möglichkeiten, um zu "sprechen", denn Raum ist allenthalben vorhanden und die Kontrolle über Luftenergie kann man sich auf zahlreiche Arten vorstellen, innerhalb und außerhalb eines Organismus.

Eine spezielle Walart, auch so viel hat man inzwischen zweifelsfrei festgestellt, benutzt Klicklaute, um sich mithilfe des Echos zu orientieren und zu bestimmen, wo sie sich befindet. Andere

Walarten verfügen sogar über zwei Paare dieser "Raumstrukturen" in ihrem Kopf, weshalb sie ***gleichzeitig*** zwei Töne produzieren können. Man stelle sich vor, wir Menschen könnten zwei verschiedene Sätze aus unserem Mund ausströmen lassen, zum selben Zeitpunkt, oder wir würden über zwei Münder verfügen. Eine Walart ist uns also in dieser (sprachlichen) Hinsicht überlegen.

Unzweifelhaft ist darüber hinaus, dass sich auch Wale Signale geben, mittels Tönen. Tatsächlich ist der "Walgesang", der manchmal sich wiederholende Strophen beinhaltet, immer noch nicht endgültig erforscht, aber man weiß immerhin, dass damit eine ***Kommunikation*** zum Ausdruck gebracht wird. Es handelt sich also ganz zweifellos um eine Sprache, wenn wir auch die Inhalte noch nicht perfekt deuten können.

UNERKLÄRLICHE PHÄNOMENE

Zu dem Thema "sprechende Tiere" gibt es aber sogar noch eine Steigerung. Es gibt Berichte, die nicht in den Bereich der Märchen zu verweisen sind und die beinhalten, dass bestimmte Hunde addieren, subtrahieren und überhaupt leichte Rechenarten ausführen können – und also die "Sprache" der Mathematik beherrschen, die vielleicht universalste Sprache, die existiert. In zahlreichen TV-Shows, wo man penibel darauf achtete, dass Manipulationen ausgeschlossen waren, führten Hunde jedenfalls die erstaunlichsten (Rechen-)Kunststückchen vor. Mit den Pfoten gaben sie an, dass fünf plus drei gleich acht ist. Es wurde sogar von Hunden berichtet, die korrekt eine Wurzel ziehen konnten – was sonst nur Gärtner und Zahnärzte schaffen.

Ein erstaunliches Experiment wurde im Jahre 1953 angestellt, in den USA: "Bei einem Wettrechnen mit Mathematikern löste (ein Hund) eine Aufgabe in vier Minuten, zu der die menschlichen Rechenkünstler zehn Minuten brauchten."[1] Einige Hunde können also angeblich sogar besser, genauer und schneller rechnen als ihre Besitzer.

Die untersuchten Hunde in solchen Experimenten, die oft von unbestechlichen Wissenschaftlern begleitet und überwacht wurden, konnten im Übrigen nicht nur "sprechen" mittels Gebell, sondern sogar mitdenken und denken, sie verfügten also manchmal über eine außergewöhnliche Intelligenz.

Einige Universitätsprofessoren und Gelehrte standen jedenfalls auf einmal Kopf. Hierbei handelte es sich um Phänomene, die nicht einzuordnen waren. Das herrliche Kästchensystem, das sich einige Wissenschaftler aufgebaut hatten, fiel plötzlich in sich zusammen wie ein Kartenhaus. Tiere konnten sprechen? Oh nein!

Aber ständig hört man darüber hinaus auch von den erstaunlichsten Begabungen, was einige Menschen angeht - in ihrer Beziehung zu Tieren oder Pflanzen. Es gibt Menschen mit dem sogenannten "grünen Daumen", in deren Nähe Blumen, Pflanzen oder Bäume unglaublich gedeihen; sie können gleichsam mit Pflanzen in Kommunikation treten. Aber auch exzellente "Verbindungen" zu Tieren existieren. Offenbar beherrschen einige wenige Zeitgenossen je und je sogar eine "Tiersprache". Doch nicht nur Tierpfleger und Zoologen haben oft eine ausgezeichnete Beziehung zu Tieren und können deren "Sprache" enträtseln, weil sie offenbar Tiere unendlich lieben, sie besser als andere beobachten und genau zuhören können. Auch abgesehen von "Fachleuten" gibt es Menschen, die sich förmlich in ein Tier "hineinversetzen" können - fast eine esoterische Angelegenheit. Es existieren geradezu abenteuerliche Berichte, da Menschen mit Tieren eine derart intensive Beziehung eingehen, dass man nur staunen kann.

Alles nur Unsinn? Alles nur Schaubudenzauber? Hier nur ein einziges Beispiel, über das uns der Autor Viktor Farkas aufklärte: "Keinen wie immer gearteten Schaubudenzauber oder Theatertricks konnte man (...) Francisco Duarte aus Brasilien vorwerfen. Der körperlich und geistig zurückgebliebene Junge war offenbar in der Lage, mit (...) Lebewesen (Bienen, Spinnen, Schlangen ...) zu kommunizieren. Wissenschaftler bestätigen, dass Francisco Bienen (...) Anweisungen gab, die genau befolgt wurden, dass er Fische herbeirufen und wilde Giftschlangen zu den absonderlichsten Kunststücken bewegen konnte."[2]

Offenbar gibt es mehr Dinge zwischen Himmel und Erde, als unsere Schulweisheit sich träumen lässt, kann man nur mit Shakespeare kommentieren. Was aber bedeutet das?

WIE SPRACHE ENTSTAND

Es ist nicht wichtig, ob man an das gerade zitierte Beispiel glaubt oder nicht, das ist für unser Thema nicht von Belang. Fest steht dagegen, dass es Menschen gibt, die einen erstaunlichen "Draht" zu Tieren besitzen, und dass es umgekehrt Tiere gibt, die über eine weit überdurchschnittliche Intelligenz verfügen, auch sprachliche Intelligenz, ja manchmal sogar über Fähigkeiten, die wir nicht besitzen.

Maikäfer sowie einige Vogel- und Fischarten orientieren sich etwa nach dem Magnetfeld der Erde – sie verfügen also offenbar über "Sinne", die uns fehlen. Bestimmte Hunderassen können hundertmal besser riechen als wir. Verschiedene Kommunikationskanäle, Empfindungen und Wahrnehmungen sind bei einigen Tierarten also ungleich besser ausgeprägt als bei uns, sie können demnach "Kommunikationen" empfangen, für die wir gewissermaßen blind und taub sind. Weiter verfügen viele Tiere über gänzlich andere "Sprachorgane". Die der Affen und Wale sind den unseren ähnlich. Vielleicht gibt es aber auch Sprachorgane, die mit den unseren nicht verglichen werden können. Und wer kann schon mit Sicherheit behaupten, dass zahlreiche Tierarten nicht längst ein eigenes "Sprachsystem" entwickelt haben, Wörtern durchaus nicht unähnlich, jedenfalls bestehend aus Tönen? Wir wissen, dass in der chinesischen Sprache ***ein einziges Wort*** unterschiedliche Bedeutungen besitzen kann - die Höhe und Tiefe bei der Aussprache spielt eine entscheidende Rolle. Spricht man also ein bestimmtes Wort tiefer aus, kann man dem Wort damit eine vollständig andere Bedeutung geben. Das gleiche Wort kann also "Mond" bedeuten oder "Nase", je nach Tonhöhe. Ja es kann manchmal sieben verschiedene Bedeutungen haben.*

Auch Tiere jonglieren mit Höhen und Tiefen, Laute kann man auf tausenderlei verschiedene Arten ausstoßen, man kann zischen, blasen, lispeln, pfeifen, zwitschern, brummen, donnern und so fort - und theoretisch damit Worte formen. Es ist also durchaus möglich, dass wir nicht einmal angefangen haben, die Millionen von Sprachen, mit denen wir vielleicht umgeben sind, zu verstehen. Möglicherweise stehen wir erst ganz am Anfang einer Entwicklung, was die Entdeckungen von Sprache und Sprachen angeht.

Warum muss sich der Mensch immer in das Zentrum allen Geschehens rücken?

---

*) "Die" chinesische Sprache gibt es natürlich nicht. Es gibt verschiedene Dialekte des Hochchinesischen (= Mandarin), aber darüber hinaus auch Kantonesisch, Keja, Min, Gan, Xiang und Wu - sprich andere chinesische Sprachen, ganz abgesehen von den nichtchinesischen Sprachen, die in dem großen China bis heute gesprochen werden, wie Birmanisch, Mongolisch oder Tibetisch etwa.

Gerade vor ein paar Jahrhunderten entdeckte man, dass sich die Sonne ***nicht*** um die Erde dreht und die Erde - und mit ihr der Mensch - also ***nicht*** im Mittelpunkt des Sonnensystems steht, geschweige denn im Mittelpunkt unserer Galaxie oder gar des Weltalls. Auch was die menschliche Sprache angeht sollten wir uns daher vielleicht in etwas mehr Bescheidenheit üben.

Vielleicht hören wir einfach nicht gut genug zu, wenn unser Hund zu uns mit Belllauten sagt: "Ich hätte gern noch etwas mehr von diesem köstlichen Hundekuchen." Vielleicht ist unser gesamtes Sprachenkonzept überholt - das als das Nonplusultra aller Kommunikationsmöglichkeiten angesehen wird? Möglicherweise ist die Methode, mit ein wenig Luft im Kehlraum Töne zu produzieren, recht primitiv. Könnte es nicht ungleich intelligentere Methoden der Kommunikation geben?

DIE PÄDAGOGIK – ODER: KLEINER GESCHICHTLICHER EXKURS

Grundsätzlich hat der Leser eines Buches ein Anrecht darauf zu erfahren, mit wem er es zu tun hat und mit wem er sich unterhält. In aller Kürze: Ich bin von Haus aus Lehrerin und schlug mich in dieser Funktion mit allen möglichen "Pädagogiken" herum.

Im Griechischen bedeutet ***paidagogiké téchne*** so viel wie die ***Technik oder Kunst der Kindesführung.*** Mit dem Wort ***pais*** wies man auf das ***Kind*** oder den ***Knaben*** hin, ***again*** heißt wörtlich übersetzt ***führen*** oder ***leiten***. Der Pädagoge ist also ein Führer.

Die Lehrmeinungen über die "richtige" Pädagogik gehen meilenweit auseinander. Was nie völlig offen gesagt wird: Verschiedene Pädagogiken widersprechen sich vollständig, es gibt nicht so etwas wie eine "allgemein anerkannte" Pädagogik oder "die" Pädagogik - was man freilich nicht laut sagen darf. Aber schon die Geschichte lehrt uns, wie unterschiedlich "Erziehung" aufgefasst wurde. Gönnen wir uns einen kleinen historischen Exkurs, denn er lehrt uns viel.

Bereits bei den alten Ägyptern gab es zahlreiche Schulen, weiter suchte man schon damals mehr oder weniger verzweifelt nach der "richtigen" Erziehungsmethode. Auf Muscheln, die gefunden wurden, sind noch heute die Aufgaben der alten Pädagogen sichtbar. "Nichts ist so kostbar wie die Gelehrsamkeit", sinnierte ein unbekannter Autor.[3] Wir besitzen sogar Hefte, die am Rand mit den Korrekturen der Lehrer versehen sind. Es ist tröstlich zu wissen, dass die Ägypter ebenso viele Fehler machten wie die Schüler heute. Es wurde auf Scherben, Papyrus oder Kalksteinplatten geschrieben, und wenn Schüler nicht spurten, half der Rücken mit, dass die Ohren besser zuhörten, sprich man half je und je mit einer Rute nach. Wichtig waren Tugend und Disziplin. Das früheste Schulsystem der gesamten Geschichte stammt jedenfalls aus Ägypten, wenn wir vorgeben, Babylonien und Indien nicht zu kennen.

Aber die "Erziehungswissenschaft" war zunächst barbarisch. So auch im alten Griechenland und im alten Rom. Auch dort wurde Ausbildung großgeschrieben, schließlich galt es, riesige Reiche zu regieren, was nicht möglich war ohne einen intellektuellen und technologischen Vorsprung - was wiederum nur durch Schulen sichergestellt werden konnte. In Griechenland existierten etwa ab dem Jahre 500 v. Chr. Schulen, die von allen Kindern besucht werden konnten. Vornehmlich wurde das Alphabet, das Schreiben, Musik und Sport unterrichtet.

Im alten Rom wurden die Kinder zunächst von den Eltern zu Hause unterrichtet, nur die Begüterten konnten sich einen Lehrer leisten - normalerweise ein gebildeter griechischer Sklave. Aber man höre und staune, seit dem 3. Jahrhundert vor Christus gab es in Rom bereits öffentliche Schulen. Das Motto lautete "Non scholae, sed vitae discimus", was im Klartext so viel bedeutete wie: "Nicht für die Schule lernen wir, sondern für das Leben." Es existierte eine "Grundschule" (für 7- bis 12-Jährige) und eine "Grammatikschule" (für 12- bis 17-Jährige). Hieran schloss sich üblicherweise eine militärische Ausbildung an - und danach erneut eine Zeit der Lehre, da Rhetorik, Philosophie und Recht auf dem Programm standen. Aber ach! Auch die Römer waren nicht eben berühmt dafür, ihre Jugend zu verzärteln.

In deutschen Landen unterrichteten zunächst nur Priester die Lernwilligen. Vor allem wurde die Religion eingeimpft. Erst etwa ab dem 12. Jahrhundert öffneten sich die Schulen auch "weltlichen" Lehrern. Später machten die freien Städte mehr und mehr von sich reden, die ebenfalls Schulen einrichteten - die Kirche verlor ihr Bildungsmonopol. Das 15. und 16. Jahrhundert brachte insofern einen bemerkenswerten Aufschwung, weil das alte Griechenland und das alte Rom wiederentdeckt wurden und neue Lehrinhalte Raum bekamen. Doch die Lehrmethoden waren noch immer brutal. Niemand geringerer als Martin Luther wurde grün und blau geschlagen, wenn er ein lateinisches Substantiv falsch deklinierte. "Wegen der falschen Beugung eines Hauptwortes bekam der Junge an einem einzigen Tag fünfzehnmal die Rute zu kosten."[4]

Im 17. und 18. Jahrhundert wurden in allen möglichen Disziplinen beträchtliche Fortschritte gemacht. In der Mathematik, Physik, Chemie, Astronomie, Botanik, Zoologie, Anatomie und Medizin eröffneten sich neue Horizonte, es brach ein neues Zeitalter an. Vernunft und Wissenschaft veränderten die Welt. Spätestens im 18. Jahrhundert begann man in deutschsprachigen Landen zu realisieren, wie unendlich wichtig der Faktor Erziehung und Schule ist. Historiker weisen darauf hin, dass der sagenhafte

Aufstieg Deutschlands in dieser Zeit zu einem beträchtlichen Grad eben auf die Betonung der *Erziehung* und der *Schule* zurückzuführen ist.

Aber die "Pädagogik" ließ noch immer zu wünschen übrig. Ein Lehrer berichtete, dass er während seines Berufslebens 1.115.800 Ohrfeigen austeilte.[5] Kinder wurden manchmal noch schlechter behandelt als Tiere.

Friedrich Wilhelm I. (1688–1740, der erste König von Preußen) leitete Reformen ein, die von seinem Sohn später fortgeführt wurden. Zunächst achtete er auf die alten deutschen Tugenden: Fleiß und Sparsamkeit wurden gefördert. Tatsächlich bestrafte er herumlungernde Landstreicher, während er auf der anderen Seite Manufakturen, Industrie und Handel förderte, ebenso wie er das Straßennetz ausbaute. 1722 führte er den Schulzwang ein. 1750, urteilen Historiker, war Preußen ganz Europa, was die Schulbildung anbelangte, weit überlegen. Doch das Rohrstöckchen tanzte weiter ausgiebig auf so manchem deutschen Hintern herum. Viele altgediente Soldaten spielten in dieser Zeit den "Lehrer", und die "Ausbildung" war den Schülern oft gründlich verhasst.

Etwas intelligenter wurde die "Pädagogik" unter Wilhelm von Humboldt (1767–1835). Er reformierte das Schul- und Bildungswesen vollkommen und krempelte es von Grund auf um. Die Berliner Universität wurde aus der Taufe gehoben und die Einheit von Forschung und Lehre postuliert. Das bedeutete, dass die Professoren und Studenten nicht nur studieren und lernen, sondern gleichzeitig auch miteinander forschen durften, ein ***höheres Niveau*** und selbstständiges Arbeiten waren mithin das Ziel. Weiter wurde Unterricht für ***alle*** realisiert, unabhängig vom Stand, die ständische Gliederung der Schulen verschwand auf dem Kehrichthaufen der Geschichte. Ein Stück Gleichheit und also Freiheit kehrte ein. Nun durfte eine Hochschule nur noch besuchen, wer das Abitur bestanden hatte, und Schulen, die bestimmten Anforderungen nicht genügten, verloren das Abiturrecht. Lehrer mussten jetzt staatliche Prüfungen bestehen, bevor sie an einem Gymnasium unterrichten durften. Landesweit wurde ein einheitlicher Lehrplan vorgegeben. Mit einem Wort: Der Standard, das Niveau der Schulen hob sich in schwindelerregende Höhen. Aber jeder, *jeder* konnte Karriere machen, der intellektuell nur genug mitbrachte. Eine ungeheure Unterdrückung verschwand und machte einer echten Chancengleichheit und damit *Freiheit* Platz. Trotzdem hatte man noch immer keine Methode gefunden, die auch den Schülern und Studenten Freude bereitete.

In der Schweiz machte nach dem Franzosen Jean Jacques Rousseau (1712–1778) vor allem Johann Heinrich Pestalozzi (1746–1827) von sich reden. Unverzeihlich verkürzt gesprochen bestand Pestalozzis Beitrag darin, den Schüler zu mehr Selbstständigkeit zu erziehen. Weiter verlangte er, Eltern sollten den Kindern *Vorbild* sein. Eltern und Lehrer sollten in sittlicher und geistiger Hinsicht ein "Modell" abgeben, an dem man sich orientieren konnte. Langsam kam man auf den Trichter. Pestalozzi plädierte für eine sittlich-religiöse, intellektuelle und handwerkliche Ausbildung der Kinder, um sie allseitig zu fördern. Er lehrte die Schüler auch, sich selbst zu helfen, wie es später auch die italienische Pädagogin Maria Montessori (1870–1952) einforderte. Das Kind sollte "Baumeister seiner selbst" sein. Die Methoden verbesserten sich zunehmend.

Einen Rückschritt innerhalb der Pädagogik gab es jedoch, als "psychologische" Techniken bemüht wurden. Sie bestanden darin, mit "Tricks" zu arbeiten, mit geschickten Belohnungen und Strafen. Immerhin verbesserte sich die "Pädagogik" insgesamt insofern, als man mehr und mehr auf Gewalt verzichtete. Und heute steht die "Körperzüchtigung" der Schüler in vielen Staaten sogar unter Strafe. Inzwischen gibt es buchstäblich hundert unterschiedliche "pädagogische Ansätze", die sich teilweise jedoch vehement widersprechen. Aber man hat wenigstens eingesehen, dass Angst kein guter Lehrer ist ...

Belassen wir es bei diesen dürren Anmerkungen, die nur dazu dienen sollten zu illustrieren, dass Lehrer und Pädagogen ständig auf der Suche nach der "richtigen" Lehrmethode waren und sind. Was, verflixt, funktionierte - und was nicht? Mir persönlich erging es nicht anders.

MEIN WEG

Meine Arbeit als Lehrerin führte und verführte mich dazu, ebenfalls nach der "richtigen" Pädagogik Ausschau zu halten. Also überlegte ich mir das Hirn wund, las und las und testete verschiedene Ansätze aus. Parallel dazu stellte ich genaue Beobachtungen bei Tieren an, speziell bei Hunden, wobei ich keinesfalls Menschen mit Tieren vergleichen will. Aber einen interessanten Vergleichspunkt gibt es dennoch: Als Unterrichtende, als Pädagoge oder als Lehrer muss man idealerweise in die "Welt" eines Kindes, eines Jugendlichen oder eines Heranwachsenden hineinkriechen können, wenn man optimale Ergebnisse erzielen will. Man muss lernen, aus den Augen des Lernenden zu schauen und mit seinen Ohren zu hören. Je genauer und intensiver man sich in eine andere Person hineinversetzen kann, umso leichter kann man lehren. Mit Tieren verhält es sich nicht anders. Man muss den Gesichtspunkt des Gegenübers einnehmen, in unserem Fall den Blickwinkel eines Hundes.

Doch wie sah mein konkreter Weg aus? Nach meiner Tätigkeit als Lehrerin erfüllte ich mir einen lang gehegten Wunsch: Ich gestattete mir, einen eigenen Hund zu besitzen. Schon bald bemerkte ich, dass mein Hund sich durchaus nicht so verhielt, wie ich mir das vorstellte. Also klapperte ich schier unzählige Hundeschulen ab, um mir Rat zu holen. Aber mein Hund reagierte nicht im Geringsten auf all die "gescheiten" Ratschläge, die ich erhielt. Ich war schlichtweg verzweifelt, weil mein Hund all jene "Ungezogenheiten" an den Tag legte, die jeden Hundebesitzer in den Wahnsinn treiben können.

Kurz gesagt jagte er Katzen, Hasen und Hühner nach Belieben, und nichts konnte ihn davon abhalten. Sogar wenn ich ihn mit Speck, Wurst oder Käse lockte, ließ ihn das kalt. Der "Rückruf" funktionierte nur gelegentlich, wenn gerade nichts Spannenderes oder Unterhaltsameres in der unmittelbaren Umgebung existierte. Tatsächlich besaß ich nicht die geringste Chance. Also suchte ich mein Heil in der Leine, was jedoch ebenfalls alles andere als ein Vergnügen war. Kaum erblickte mein Hund einen anderen Vierbeiner, hing er zerrend und kläffend an der Leine. Außerdem schüttelte er sich ununterbrochen - alles Mögliche verursachte ihm "Stress": Laute Geräusche, Züge, die vorbeiratterten, zu viele Menschen oder Hunde sowie Bälle. Außerdem vermied er es, über Treppen aus Metall zu laufen. Er fraß alles wild durcheinander, wälzte sich in Kuhmist, bellte, wenn es an der Tür klingelte, sprang an Besuchern hoch und ... Ich bin sicher, jeder Hundebesitzer kann die Tragödie oder Komödie selbst fortschreiben.

Natürlich weiß ich heute, was ich damals falsch gemacht habe, ich werde noch im Detail darauf zu sprechen kommen. Aber an dieser Stelle immerhin schon so viel: Ich befand mich "mental" in einer gewissen Abhängigkeit von anderen Menschen. Von einigen "Autoritäten" der Hundeszene hatte ich mir einreden lassen, dass ich "nur ein Laie" sei. Ich ließ mich gewissermaßen selbst wie ein Hund an der Leine führen und kämpfte nicht dagegen an, was andere mir einredeten. Scheinbar wussten nur die "Autoritäten", wie man einen Hund in ein "gesellschaftsfähiges" Wesen umwandeln konnte. Einige "Hundeexperten" stellten sich selbst auf ein hohes Podest und sahen sich als "Koryphäen". Kurz gesagt köderte man mich gewissermaßen mit einem "Leckerchen", das man mir unter die Nase hielt, denn die selbsternannten "Autoritäten suggerierten mir: "Nur wir wissen, wie du eine gute Hundemami werden kannst." Und ich? Ich Dummkopf kaufte all diesen Unsinn. Ich nahm an, nur diese "Autoritäten" könnten mir helfen, meinen Hund zu verstehen und sein Verhalten zu ändern.

Dafür löhnte ich eine hübsche Stange Geld, das ich besser zum Fenster hinausgeworfen hätte.

Recht früh stiegen jedoch die ersten Zweifel in mir auf. Ich erkannte, dass ich allzu sehr auf "die Gesellschaft" hörte und dass sich die "Autoritäten" nicht durch vorzeigbare ***Resultate*** auszeichneten. Ich ließ mir nur eintrichtern, was "richtig" war, ohne meinen eigenen Verstand zu gebrauchen. Fest stand jedenfalls, mit meinem Hund änderte sich - nichts, gar nichts. Ich ließ mich nur herumkommandieren. Ich war nichts anderes als ein Befehlsempfänger, der sich hatte einlullen lassen.

Noch einmal: Tatsächlich befolgte ich mit vollem Einsatz und zu 100 Prozent zunächst all die "guten Ratschläge" der Autoritäten aus den "modernen" Hundetraining-Clubs und -Vereinen. Aber schließlich erkannte ich endgültig, dass etwas faul war im Staate Dänemark, wie das Shakespeare so schön ausdrückte. 2014 beschloss ich, eine vollständige Kehrtwende zu machen. Offenkundig musste ich noch ***sehr*** viel mehr lernen. So entschied ich, mein bisheriges Tätigkeitsfeld "Coaching", das mir als gelernte Primarlehrerin vertraut war, um das Thema "Hund und Mensch" zu erweitern.

DIE NÄCHSTHÖHERE STUFE

Systematisch betrachtete ich die andere Seite der Medaille und ließ mich in der Folge selbst zu einem "Experten" ausbilden. Ebenso neugierig wie lern- und wissbegierig besuchte ich verschiedene Seminare und absolvierte zahlreiche Praktika im In- und Ausland. Und wieder lernte ich, dass all die guten Ratschläge ... nichts taugten. Alle "Hundetrainer" versuchten nur, den Hund zu formen, sie versuchten, gewissermaßen ein "Spielzeug" zu reparieren.

Immerhin verschaffte mir das insofern einen Informationsvorsprung, da ich heute sagen kann, dass ich die ganze Bandbreite kennenlernte, was das "moderne" Hundetraining angeht. Es reicht von der weit verbreiteten Methode der "positiven Bestärkung oder Bestätigung", die unter anderem darin besteht, dem Tier ein "Leckerchen zu geben", wenn es etwas "richtig" macht, über die "artgerechte Hundeerziehung", in deren Rahmen man immerhin versucht, den Hund einen Hund sein zu lassen, bis hin zur Bestrafung, zu der alle möglichen Disziplinierungsmaßnahmen gehören sowie ein elendes Machogehabe und sogar Schläge. Ich will darauf verzichten, die noch grausameren Methoden im Detail zu beschreiben. Aber ich ahnte schon damals, dass der Fehler nicht beim Hund lag, sondern beim Menschen. Ich erkannte jedenfalls, dass in der weltweiten Hundeszene etwas gewaltig falsch lief. Und so mutierte ich zum Rebellen. Was fehlte, war eine ***funktionierende*** und "humane" Methode. Die "richtige" Technik war schlicht und ergreifend noch nicht entdeckt worden.

Ich entschied mich, das Problem völlig neu anzugehen. Mir selbst gestattete ich den Luxus, einen frischen, neuen Gesichtspunkt einzunehmen, in völliger Freiheit. Weiter plante ich, dem Hund ebenfalls "Spielraum" und eben diese "Freiheit" zu gewähren. Es musste, verflixt, möglich zu sein, all diese Probleme, die Hundebesitzer mit ihren Tieren hatten, auf eine natürliche, gewaltfreie, liebevolle Art und Weise zu lösen. Gleichzeitig entschied ich, mir Souveränität zuzugestehen und einfach zu ignorieren, was andere über mich denken mochten, einschließlich all dieser selbst ernannten "Autoritäten".

Zuerst wusste ich nicht so recht, wo ich beginnen sollte. Ich wusste nur, dass ich einen vollständig anderen Weg beschreiten musste, der sich fundamental von allen bisherigen Techniken innerhalb der Hundeszene unterschied. Und so begann ich, das Verhältnis zwischen Mensch und Hund intensiv zu studieren und viele Experimente anzustellen. Parallel dazu informierte ich mich über die neuesten wissenschaftlichen Erkenntnisse, die es unter anderem im Bereich der Quantenphysik gab, weiter im Rahmen der Genetik und der Pädagogik. Darüber hinaus interessierte es mich brennend, ob es so etwas wie ein "Geheimnis" gab, was das Thema ***Leadership*** anging, denn schließlich ging es darum, zu einer echten Führungspersönlichkeit aufzusteigen - in Bezug auf den Hund. Alles, was sich auch nur annähernd im Umfeld "meines" Themas befand - Philosophie, Religion, Esoterik - nahm ich unter die Lupe. Was predigten die alten Weisheitslehrer, was man vielleicht umsetzen und anwenden konnte? Ich werde später noch genauer auf meine Inspirationen zu sprechen kommen.

Jedenfalls warf ich alle Fesseln ab, ignorierte die gesamte Hundeszene und begann bei null. Worin, so fragte ich mich, bestanden die natürlichen Gesetze, sodass ein Hund den "Duft des Leaders" förmlich riechen konnte? Ich forschte und testete und experimentierte so lange, bis ich die ersten Gesetze entdeckte. Daraufhin veränderte sich nahezu schlagartig das Verhalten meines Hundes. Da aber passierte auch etwas völlig Unvorhersehbares: ***Mein*** gesamtes Leben veränderte sich ebenfalls. Es war in gewissem Sinn nicht zu fassen – ich hatte mir "versehentlich" selbst das größte Geschenk gemacht.

Dabei war dies erst der Anfang. Plötzlich wurde ich auf meinen täglichen Spaziergängen ständig von anderen Hundehaltern angesprochen. Sie beobachteten mich und äugten ständig zu mir herüber. Kurz gesagt waren sie höchst neugierig, weil sie beobachteten, dass mir mein Hund offenbar "aufs Wort gehorchte" und wir eine ganz besondere Beziehung hatten. Immer öfter hörte ich Bemerkungen wie: "Dein Hund gehorcht dir aber gut. Was hast du mit ihm angestellt?" Ich erklärte anfangs einigermaßen umständlich und ungeschickt, dass meine Methode nichts mit "Erziehung" oder "Gehorsam" im klassischen Sinn zu tun hatte. Einige Hundebesitzer fragten mir daraufhin Löcher in den Bauch. Nicht wenige waren fasziniert und wollten mehr und mehr wissen.

So half ich bis zum Jahre 2016 zahlreichen Hundefreunden unentgeltlich und erlebte, dass auch andere die gleichen Resultate erzielen konnten wie ich selbst. 2017 machte ich mich als "Hunde-Coach" oder "Coach" selbstständig, ich gründete ein Unternehmen, denn ich wurde von allen Seiten immer öfter um Rat gefragt. Grundsätzlich bot ich eine umfassende Beratung an, und innerhalb von nur drei Monaten bestand mein wirkliches Problem darin, mit der Warteliste meiner Kunden fair umzugehen. Sprich in kürzester Zeit war ich komplett ausgebucht, tatsächlich bis zum Ende des gesamten Jahres.

Die Nachfrage riss nicht ab, sie nahm im Gegenteil ständig zu, denn es gibt keine bessere Werbung als die Mund-zu-Mund-Propaganda sowie konkrete Resultate, die man vorzeigen kann. Noch im gleichen Jahr wurde ich eingeladen, die ersten Seminare über das Thema zu halten. Weiter forderte man mich auf, an Rudeltreffen, ***Adventure Days*** und ***Family Walks*** teilzunehmen. 2018 kamen zusätzliche Wochenendseminare und Ferien in Südfrankreich hinzu.

Stets operierte ich auf eine ***ganz*** andere Art und Weise als die bekannten "Autoritäten".

Die Nachfrage explodierte förmlich. Ich erhielt das Kompliment, dass meine Methode sogar die Techniken der bekanntesten "Hundeflüsterer" in den Schatten stelle. Nun, mit Komplimenten sollte man vorsichtig umgehen. Immerhin war so viel richtig, dass ich eine völlig neue Methode aus der Taufe gehoben hatte, die ***funktionierte***. Da die Nachfrage nicht nachließ, wurde ich immer häufiger nach einem Buch und schriftlichen Unterlagen gefragt. Und mit dieser Bemerkung befinden wir uns wieder hier in unserem Text.

EINE VÖLLIG NEUE METHODE

Mithilfe meiner neuen Methode etablierte ich schließlich ohne Wenn und Aber, dass es falsch war, einen Hund zu "trainieren" und "abzurichten", wie das in einigen Hundeschulen üblich ist. Weitaus wirkungsvoller war es, dem Hundefreund beizubringen, die Welt aus der Sicht des Hundes zu betrachten und sich selbst zu ändern. Die Ergebnisse waren mehr als erstaunlich. Der Hundefreund oder Hundebesitzer konnte schon nach ein paar Lektionen völlig entspannt den Alltag genießen. Er konnte erleben, dass ihm sein Hund zu 100 Prozent gehorchte - ***weil es der Hund selbst wollte.***

Eine wichtige Frage lautete dabei: Wie "erziehen" sich Hunde gegenseitig, wenn sie "unter sich" sind, ganz ohne Leckerli, Ball, Murmeln, Dummy oder andere Hilfsmittel? Ohne Manipulation und "Psychologie", wie dass man sie festbindet oder einsperrt, damit sie nicht wegrennen? Bei meiner Methode ging es stets darum, dass sich der Hund dem Herrchen oder Frauchen voller

Freude freiwillig anschloss. Und als ich diese neue Methode ***systematisch*** anwandte, bemerkte ich nach kurzer Zeit, dass die Resultate regelmäßig außergewöhnlich waren.

Worauf ziele ich genau ab?

EINE KLEINE REVOLUTION

Kurz gesagt ist es mithilfe einer gänzlich anderen Herangehensweise möglich, einen Hund in erstaunlich kurzer Zeit zu "kultivieren". Mithilfe dieser Methode kann der Hundefreund ohne Weiteres viele Probleme lösen, denen er zuvor hilflos gegenüberstand. Welche Probleme?

Zunächst noch eine kleine Bemerkung: Man erlaube mir, bei unmittelbaren Ratschlägen und wichtigen Passagen im Rahmen des gesamten Buches in die ***Du-Form*** zu verfallen und in die ***Du-Anrede***, denn sie ist meiner Meinung nach sehr viel direkter und persönlicher.

Was also sind die Probleme oder was sind die Fragen, die dich, den Hundefreund, besonders interessieren?

- Auf welche Weise gelingt es dir, dass dein Hund nicht mehr Joggern, Katzen, Radfahrern, Hühner, Hirschen, Hasen oder anderen Hunden nachjagt?
- Wie kannst du es erreichen, dass dein Hund nicht mehr an der Leine zieht und zerrt?
- Mit welcher Methode kannst du deinem Hund beibringen, dass er immer "abrufbar" ist und dir folgt?
- Wie kannst du es anstellen, dass dein Hund nicht mehr bellt, wenn es an der Haustür klingelt?

- Auf welche Weise wirst du schier zu einem Magneten für deinen eigenen Hund, aber auch für andere Menschen?
- Wie kannst du in vollkommener Freiheit und stressfrei mit deinem Hund den Alltag genießen?
- Wie vermagst du völlig ohne Leine auszukommen?
- Auf welche Weise stellst du sicher, dass sich dein Hund freiwillig an dir orientiert?
- Auf welche Weise kannst du die Aggressionen deines Hundes auf null herunterfahren, sodass er niemals mehr beißt?
- Wie stellst du sicher, dass dein Hund dir aus freien Stücken und aus Liebe folgt, weil es ihm sein Instinkt gebietet?
- Wie gelingt es dir, dass der Hund nicht mehr jammert oder jault oder bellt - oder gar Gegenstände im Haus zerstört oder im Auto kotet?
- Was musst du unternehmen, dass dein Hund nicht mehr sein Futter verteidigt, nicht alles zusammenfrisst, was ihm im Haus begegnet - selbst den Kot aus dem Katzenklo?
- Wie lässt es sich vermeiden, dass dein Hund an Menschen hochspringt?
- Auf welche Weise stellst du sicher, dass dein Hund vollständig stubenrein ist?
- Was musst du unternehmen, damit dein Hund nicht mehr überängstlich reagiert, auf laute Geräusche zum Beispiel, aufgrund zu vieler Menschen oder zu vieler Hunde?

Das sind alles konkrete Probleme, mit denen du, der Hundebesitzer, dich manchmal herumplagen musst. Aber wenn man sie tatsächlich löst, erhält man gleichzeitig sogar Antwort auf diese Fragen:

- Was verschweigt dir die weltweite Hundeszene?
- Was lernst du in keiner Hundeschule und von keinem Hundetrainer?
- Warum wird das "genetische Denken" nicht mehr von allen Forschern gestützt und was lehren uns die neuesten wissenschaftlichen Erkenntnisse?
- Wie lautet die "Drei-Schritte-Erfolgsformel" im Umgang mit Hunden?
- Auf welche Weise kommuniziert dein Hund, wie senden demgegenüber Menschen Signale aus und wie kannst du diese beiden Welten zusammenbringen?

Darüber hinaus bietet das vorliegende Buch einige völlige neue Einsichten, was die Person des Hundebesitzers, Hundehalters oder Hundefreundes angeht. Tatsächlich kann man – über den eigenen Hund – sogar erstaunliche positive Änderungen bei sich selbst herbeiführen. Das wird jedenfalls im Laufe des Buches preisgegeben:

- Was sind deine eigenen unbewussten "Glaubenssätze" und wie beeinflussen sie dich?
- Welche Chancen der Eigentransformation tun sich durch den richtigen Umgang mit Hunden auf?
- Warum funktionierst du wie ein "Bio-Computer" und wie kannst du darüber hinauswachsen?
- Was ist das Geheimnis eines echten Leaders?
- Wie kannst du selbst zum Leader aufsteigen?

Zugegeben, diese Aufzählung hört sich fast zu gut an, um wahr zu sein. Es handelt sich auf den ersten Blick um ein Schlaraffenland, in das man scheinbar kaum eintreten kann. Und doch ist es nachweislich möglich.

EINE (FAST) ESOTERISCHE PERSPEKTIVE

Tatsächlich gibt es geradezu eine beinahe "esoterische" Perspektive, was die Arbeit mit dieser neuen Methode angeht. Man sieht als Hundebesitzer auf einmal, wie man sein wahres Potenzial erkennen und steigern kann, was sich auch positiv auf andere Bereiche des Lebens auswirkt. Es geht also nicht nur um den Hund. Einige meiner Freunde und Bekannten berichteten mir, dass sie mit dieser neuen Methode sogar gänzlich anderen Problemen zu Leibe rücken konnten, an die sie zuvor nicht einmal ansatzweise gedacht hatten. Ein paar Bekannte nutzten sie, um finanzielle Sorgen anders anzugehen und zu lösen, ja sogar um neue Freundschaften zu schließen.

Diese Methode bietet also noch eine weitere Perspektive, die an dieser Stelle nur angedeutet werden kann. Man kann mithilfe seines Hundes sogar sich selbst ein Stück ergründen. Tatsache ist, dass die meisten Menschen nur "Nebendarsteller" in ihrem eigenen Film sind und darauf verzichten, zum Hauptdarsteller zu werden. Viele Menschen erschaffen reichlich zufällig und unbewusst ihre Zukunft. Man kann jedoch den eigenen Hund sogar als eine Art Lügendetektor benutzen, um die eigenen Aktionen zu bewerten. Ein Hund kann anzeigen, wenn man sich aus seiner eigenen Mitte herausbewegt, wie man das ausdrücken könnte. Man kann von einem Hund sehr viel über sich selbst lernen – nicht anders als Kinder einige Erwachsene mehr lehren als Erwachsene ihren Kindern beibringen.

Ein Hund kann regelrecht das eigene Bewusstsein erweitern und im Idealfall sogar helfen, dass man wieder auf seine eigenen, ursprünglichen Träume zugeht. Ein Hund kann uns dabei unterstützen, Herr und Meister über die eigenen Gedanken zu werden. Kein kleines Versprechen! Bei den letzten Anmerkungen handelt es sich zugegebenermaßen um Perspektiven, die auf den ersten Blick weit gespannt oder sogar überspannt erscheinen, ja regelrecht unrealistisch. Einverstanden! Einige Aussagen hören sich recht vollmundig an, als gäbe es tatsächlich einen "Schlüssel zum Paradies". Du solltest mir also im Moment ***nicht*** "glauben". Aber du solltest zumindest bereit sein, diese neue Methode auszutesten. Lassen wir die Katze zumindest teilweise bereits aus dem Sack ...

ZWEI WEGE

Die Wahrheit ist, wir alle haben unsere Probleme, sei es mit unserem Chef, der Schwiegermutter, mit unseren Kindern oder ... mit unserem Hund. Grundsätzlich gibt es zwei Möglichkeiten, diese Probleme zu lösen:

1. Man versucht, den anderen Menschen (oder den Hund) zu ändern.
2. Man ändert sich selbst.

Ich selbst habe die erste Variante buchstäblich jahrelang ausprobiert. Ich versuchte, meinen Hund zu trainieren, zu formen, zu dominieren, abzurichten und zu erziehen. Himmel, war ich erfolglos! Schließlich versuchte ich Variante Nummer zwei. Dazu war es notwendig, mich selbst zu hinterfragen. Ich musste offen sein für etwas Neues. Ich hatte meine Voreingenommenheiten abzulegen und durfte nicht von Anfang an alles besser wissen.

Das Ergebnis war kaum voraussehbar: Ich avancierte zu einem "natürlichen Leader", wie man das nennen könnte, vielleicht weil ich "nach Liebe roch" in den Augen meines Hundes. Zusätzlich veränderte sich mein ganzes Leben. Doch die Voraussetzung war, dass ich mich geöffnet hatte und bereit war, eigene Beobachtungen anzustellen und mich auf experimentelles Glatteis zu wagen. Und ich musste dafür praktisch alles vergessen, was ich bislang glaubte, über Hunde zu wissen oder was ich mir angelesen hatte. Und ich musste meinen eigenen Verstand gebrauchen und mir selbst und meinen Augen mehr vertrauen als allen "Autoritäten" zusammengenommen.

Genau so solltest auch du an die Sache herangehen. Du solltest völlig offen sein für neue Ideen. Wenn die Methode, die ich in den folgenden Kapiteln beschreiben werde, nicht funktioniert und keine Resultate zeitigt, so solltest du mein Geschreibsel schnell vergessen und dieses Buch in den Papierkorb werfen. Aber du solltest zumindest bereit sein, ein paar Experimente mit dir anzustellen. In diesem Sinne gilt es, zunächst eine Entscheidung zu fällen. Man muss bereit sein, sich auf die zweite Variante einzulassen. Der Hundeliebhaber sollte versuchen, etwas ***bei sich selbst*** zu verändern. Aber was?

Bevor wir auf die brisanten Details zu sprechen kommen und das erste Experiment wagen, sind noch einige Takte und Hinweise notwendig. Empfehlenswert ist es, zunächst unser bisheriges Wissen über Hunde einer Revision zu unterziehen und es einmal ernsthaft zu hinterfragen. Denn was wird uns normalerweise weisgemacht und eingebläut, wenn es um unseren geliebten Vierbeiner geht, um unseren Hund?

2.

URTEILE UND VORURTEILE

Es ist erstaunlich, wie oberflächlich noch immer das Wissen ist, was Hunde betrifft, obwohl in unglaublichem Ausmaß über dieses Tier "geforscht" wurde. Aber vielleicht ließen eben diese "Forschungen" den Faktor Affinität oder Zuneigung vermissen. Die sprichwörtliche "Kälte" der Wissenschaft verhindert meiner Meinung nach oft, dass man tiefer in eine Materie oder ein Thema eindringt. Aber konzentrieren wir uns auf das Positive und die Fakten, die bekannt sind.

WAS VOR MILLIONEN VON JAHREN GESCHAH

Der "Hund" gehört gemäß dem gängigen evolutionär-biologischen Erklärungsmodell zur Familie der ***Canidae***. ***Canis*** im Lateinischen bedeutete ***Hund***, bezeichnete aber auch schon im alten Rom einen ***bissigen Menschen***. Das gibt uns einen ersten Hinweis, wie die Römer über das Tier dachten. Zu den "Canidae" gehören nicht nur unsere Haushunde, sondern auch etwa Füchse, einige Schakalarten, Kojoten und Wölfe.

"Hunde" in diesem Sinn sind auf allen Erdteilen anzutreffen. Generell besitzen Hunde eine hohe soziale Intelligenz, sie können geschickt in Gruppen oder Rudeln zusammenarbeiten. Wechselseitig untersuchen und beschnüffeln sie ihre Genital- und Analzonen, teilweise auch Ohren und das Maul, um zu wissen, mit wem sie es zu tun haben. Angeblich stammen alle Hunde von einem "kleinen, schleichkatzenähnlichen, fleischfressenden Säugetier"[1] ab, das ein Gelehrter ***Miacis*** taufte und das vor rund 55 bis 33 Millionen Jahren die Erde unsicher machte und sogar Bären und Katzen als Urvater diente.

HUNDE IN DER ANTIKE

Früh schon wurden Hunde als Kriegshunde eingesetzt – bei den alten Griechen und ***Assyrern*** etwa, ein Volk des Altertums, das im heutigen Irak und in der Türkei beheimatet war. Man hetzte Hunde los, um den Feind aufzuspüren, anzugreifen und abzulenken. "Häufig trugen sie Messer oder Fackeln am Halsband, um Tod und Verwirrung in die gegnerischen Reihen zu tragen."[2]

Im alten Rom ließ man Hunde auf Bären, Löwen und Gladiatoren los. Bis heute werden Hunde missbraucht, um bei Tierkämpfen als Kampfhunde zu dienen – was inzwischen in vielen Ländern zwar verboten ist, aber immer noch praktiziert wird. Ferner wurden sie früh als Wächter, Jäger und Viehtreiber eingesetzt. Man züchtete und "erzog" also systematisch Hunde und richtete sie ab, um Menschen oder andere Tiere zu kontrollieren oder zu töten.

HUNDERASSEN IM MITTELALTER UND HEUTE

Im Mittelalter gab es wahrscheinlich nicht mehr als zwölf Hunderassen. Man unterschied unter anderem zwischen Jagdhunden, Treibhunden, Spürhunden, Vogel- oder Habichtshunden, Schäferhunden und Hofhunden.

Ab dem 13. Jahrhundert züchtete man systematischer Hunde, aber erst im 19. Jahrhundert erblickten zahlreiche neue Hunderassen das Licht der Welt. Besonders in England konnte man nicht genug bekommen von neuen Hundearten.

Im 19. und 20. Jahrhundert wurden Hunderassen wild miteinander gekreuzt, es war die "hohe Zeit" der Rassenhysterie. Heute gibt es rund 800 Hunderassen, aber es gibt auch Wissenschaftler, die dieser Zahl widersprechen und die Zahl der Hunderassen auf 100 begrenzen.[3]

Endlich wurden auch die positiven Seiten des Hundes entdeckt. So gibt es inzwischen Blindenhunde, Diabetikerwarnhunde, die eine Unter- und Überzuckerung in Atem und Schweiß riechen können, Lawinensuchhunde, Wasserrettungshunde, Trümmersuchhunde, Alzheimerhunde, Epilepsiehunde und Signalhunde, die schwerhörige oder gehörlose Besitzer vor Geräuschen warnen. Drogenhunde können Rauschgift aufspüren, Polizeihunde Gangster schnappen - und Schoßhunde lassen sich von reichen Damen verwöhnen.

Rund 2500 Hunde jährlich werden in Deutschland für Tierversuche eingesetzt. Rund 7 Prozent kommen dabei zu Tode, weitere 7 Prozent tragen irreparable Schäden davon.

Im Bewusstsein der Menschen begannen sich "Hunde" aufzuspalten in "gut" und "böse", in "nützlich" und "überflüssig". Nie jedoch wurde in ausreichendem Umfang auf die psychische Seite des Hundes gedeutet. Stets wurde vergessen, dass auch Hunde lebendige, fühlende Wesen sind.

DAS IMAGE DER HUNDE

Selten genossen Hunde ein hohes Ansehen, Ausnahmen bestätigen nur die Regel. Hunde waren "untermenschlich", es handelte sich um eine Art Gebrauchsgegenstand - so die allgemeine Meinung. Der Ausdruck "Hund" geriet sogar zu einem Schimpfwort, mit dem man beispielsweise einen niederträchtigen Kerl bezeichnete. Das Wort symbolisierte aber auch das Elend, man sprach in diesem Fall von einem ***armen Hund***.

Der Hund, der für Treue und Wachsamkeit stand, trat dem gegenüber in den Hintergrund.

Zahlreiche Schimpfwörter existieren noch immer im Zusammenhang mit dem Hund, zum Beispiel ***Lumpenhund, Himmelhund, blöder Hund, feiger Hund, frecher Hund, falscher Hund, scharfer Hund*** (= ein strenger Vorgesetzter oder Richter ursprünglich) und ***kalter Hund***.

Sprichwörter entstanden zuhauf rund um den treuen Vierbeiner.

Das ist unter dem Hund bedeutete, dass etwas höchst minderwertig war.

Ein ***dicker Hund*** war ein grober grammatikalischer oder orthographischer Schnitzer oder Fehler, aber auch ein schlimmes Vergehen.

Völlig auf dem Hund sein bedeutete, gesundheitlich am Ende angelangt zu sein oder ausgemergelt auszusehen. Man sprach von ***hundsgemein, hundeschlecht*** und ***hundemüde*** oder vom ***Hundeleben*** oder ***Hundewetter***.

Es nimmt kein Hund einen Bissen Brot von ihm bedeutete, dass es sich um einen verachtenswerten Menschen handelte.

Und wenn man mit einer Sache ***keinen Hund hinter dem Ofen hervorlocken*** konnte, so war eine Sache denkbar unwichtig.

Darüber hinaus gab es noch weitere Ausdrücke, beispielsweise wenn man aussah ***wie ein begossener Pudel*** oder wenn man ***mit eingeklemmtem Schwanz*** daherkam.[4]

Die Umgangssprache, die verräterischste und ehrlichste Sprache, die es gibt, beweist, wie elend es noch immer um das Image des Hundes bestellt ist.

DIE KONDITIONIERUNG

Stets war es schlecht bestellt um die "Erziehung" des Hundes. Soweit man das heute noch nachvollziehen kann, wurden Hunde schon im Altertum und im Mittelalter mit Schlägen traktiert und denkbar schlecht behandelt. Sie wurden verprügelt, eingesperrt und mit Futterentzug "trainiert".

Besonders übel wirkte sich die Psychologie und Psychiatrie aus, Disziplinen, die im 19. Jahrhundert "schick" wurden. Zweifelhaften Ruhm erlangte der Russe Iwan Petrowitsch Pawlow (1849–1936), der "wissenschaftlich nachwies", dass man Hunde konditionieren konnte. Er beobachtete, dass zumindest bei einer Hunderasse der Speichelfluss, der der Nahrungsaufnahme vorausgeht, ausgelöst wurde, wenn nur die Schritte des Wärters, der ihn normalerweise fütterte, zu hören waren, selbst wenn noch kein Hundefutter zu sehen war. Der akustische Stimulus (die Schritte) war der Reiz, der eine Reaktion (den Speichelfluss) auslöste. Sprich die Schritte wurden mit dem Futter in Verbindung gebracht. Später ersetzte Pawlow das Schrittgeräusch durch einen Glockenton. Ertönte er wieder und wieder in Zusammenhang mit dem Futter, floss ebenfalls der Speichel.[5]

Ferner entdeckte Pawlow, dass ein Hund, der sich nach einer Injektion von Morphium regelmäßig erbrach, auch dann das

Futter von sich gab, wenn man ihm lediglich eine Kochsalzlösung spritzte.

Nie wurde das Wort "Wissenschaft" übler missbraucht. Man degradierte den Hund endgültig zu einem chemischen Objekt, das angeblich keinerlei Gefühle besaß. Er wurde weiter zu einer Art Gegenstand degradiert, zu einem unpersönlichen Ding, das man mit primitiven Reizen zu allem Möglichen abrichten konnte, selbst wenn das Tier litt und furchtbare Schmerzen fühlte. In Wirklichkeit handelte es sich demnach nur um einen neuen Schritt in Richtung Barbarei.

»GLAUBENSSÄTZE«

Und so gelangen wir zu einigen ersten erstaunlichen Ergebnissen. Sie bestehen darin, zunächst zu realisieren, wie furchtbar unserem "geliebten Vierbeiner" mitgespielt wurde.

Bei meiner Arbeit mit Hunden stellte ich fest, dass die meisten Hundebesitzer und Hundefreunde noch immer an einigen Annahmen festkleben, die manchmal Tausende von Jahren alt und die eigentlich nie "bewiesen" worden sind. Darüber hinaus machte ich jedoch eine weitere schier unglaubliche Entdeckung: Das Verhältnis Mensch-Hund verbesserte sich schlagartig, wenn man einige dieser alten "Glaubenssätze" einfach über Bord warf.

Hier einige berühmte "Miss-Konzeptionen", wie man diese Glaubenssätze auch nennen könnte:

"Das ist ein Jagdhund, also will er jagen."

"Jeder Hund will jagen, das ist genetisch bedingt."

"Wachhunde wollen etwas bewachen."

“Kampfhunde muss man kämpfen lassen.”

“Hunde sind unterentwickelte Wesen, eben nur Tiere.”

Man könnte die Litaneien fast beliebig fortsetzen. Alle Sätze sind ausnahmslos falsch.

DER TWIST

Was passiert, wenn du mit solchen “Glaubenssätzen” übereinstimmst? Nun, du projizierst sie natürlich auf deinen Hund. In Gedanken liegen Macht und Kraft, das heißt, wenn du etwas als gegeben annimmst, wird es zu einem gewissen Grad Wirklichkeit. Wir steuern die Realität um uns herum auch mit unseren Annahmen, mit unseren Vorstellungen und mit unseren Gedanken. Wenn du in deinem Unterbewusstsein solche “Glaubenssätze” abgespeichert hast, wird sich der Hund in der Folge tatsächlich danach ausrichten. Du steuerst den Hund also auch aufgrund deiner Gedanken, nicht nur aufgrund deiner Worte.

Das hört sich erneut wieder reichlich esoterisch an. Aber das Experiment beweist, dass mehr als nur ein Körnchen Wahrheit in dieser Beobachtung enthalten ist. Es ist hochinteressant und fast unglaublich: Aber wenn du stillschweigend davon ausgehst, das dein Hunde gerne jagen will, gibst du ihm (indirekt, unbewusst) bereits einen “Befehl” zu jagen. Der Befehl mag unsichtbar sein, aber er ist vorhanden. Wenn du die Absicht verfolgst, dass der Hund aufhören soll, Katzen, andere Hunde oder Bälle zu jagen, aber “unbewusst” glaubst, dass der Hund im Grunde genommen ein Jäger ist, sprichst du in gewissem Sinne mit gespaltener Zunge. Das Unterbewusstsein sagt “Hü!” und das Bewusstsein “Hott!”.

Das heißt, nicht der Hund begeht den Fehler. Du begehst ihn. Du gehst unterbewusst von bestimmten Ausnahmen aus, was deinen Hund betrifft. Deine "Erziehung" lehrt dich, dass es Hofhunde und Jagdhunde, Spürhunde und Vogelhunde und so weiter gibt. Das wurde dir eingetrichtert. Daran "glaubst" du, fest und unbeirrbar. Und so kannst du mit der "Erziehung" deines Hundes eigentlich nur scheitern. Der "heimliche", indirekte Befehl und die Annahme des "Unterbewusstseins" diktieren dein Verhalten und geben einen ganz anderen Befehl, als den, der aus deinem Munde kommt.

Stell dir vor, du willst ein hervorragendes Buch schreiben, gehst aber zunächst einmal davon aus, dass du "eigentlich" nicht dazu imstande bist. Also wirst du notwendigerweise scheitern. Es mag richtig sein, dass erst Übung den Meister macht, aber ein "Vor-Urteil", das schon am Anfang gefällt worden ist, behindert dich in einem enormen Ausmaß. Das Ergebnis wird immer ein zweitklassiges Buch sein. Warum? Weil du der Meinung bist, dass du "eigentlich" nicht dazu imstande bist, ein hervorragendes Buch zu schreiben.

Und so steht auch zwischen dir und deinem Hund eine unsichtbare Barriere.

Von erstrangiger Bedeutung ist es also zu realisieren, dass wir alle bereits "programmiert" sind. Du, ich, wir alle unterliegen gewissen Vor-Urteilen. Wir sind vorbelastet, was den "Hund" angeht – ein paar tausend Jahre Geschichte diktieren uns scheinbar, was wir denken müssen. Das "Vor-Urteil" einiger Wissenschaftler verführt uns ebenfalls dazu. Aber auch die Übereinstimmung mit der Umwelt, mit anderen Hundebesitzern und mit "Autoritäten" lassen uns nicht weiter nachdenken. Herrgott im Himmel, was sind wir manipuliert!

So besteht der erste Schritt darin, dass du zunächst einmal alles über Bord wirfst, was dir eingetrichtert worden ist und was du glaubst, über Hunde zu "wissen". Wenn etwas mit deinem Hund nicht klappt, so ist es leicht, die Schuld auf das Tier zu schieben. Es ist sehr viel schwerer - dafür aber ungleich intelligenter -, kurz Innenschau zu halten. Es ist unrichtig, wenn du versuchst, den Hund geschickt abzulenken und sein Jagdverhalten umzulenken. Im Grunde genommen bestätigst du damit nur Vorurteile, die in dir selbst schlummern. Mit anderen Worten: Du gehst von vornherein davon aus, dass du möglicherweise scheitern wirst.

Zugegeben, es ist nicht immer einfach, sich zu der Höhe der Eigenverantwortung aufzuschwingen. Es erfordert Mut, das Schwert gegen sich selbst zu richten. Und es erfordert einiges an Arbeit, all diese Glaubenssätze aus seinem Unterbewusstsein zu löschen. Aber das sind die Wahrheiten:

> ***"Jeder Hund kann jagen. Aber die Betonung liegt auf dem Wörtchen kann. Er kann jedoch auch gut und gerne darauf verzichten."***

> ***"Ein Hund (oder eine bestimmte Hunderasse) ist nicht automatisch ein Hofhund, ein Schäferhund, ein Kampfhund oder ein Kriegshund. Er kann dies alles sein, muss es aber nicht."***

> ***"Hunde sind intelligente Wesen."***

> ***"Hunde sind keinesfalls vollständig genetisch vorprogrammiert."***

DIE LÜGEN DER GENETIK

Mit diesem Stichwort sind wir erneut einem enorm heißen Thema auf der Spur. Vielleicht ist im Moment nichts so modern, als alles und jedes der ***Genetik*** in die Schuhe zu schieben. Die Gene bestimmen scheinbar über unser ganzes Geschick. Kein Lehrsatz könnte jedoch irreführender sein. Die Wahrheit und nichts als die Wahrheit ist, dass "hinter" der Genetik Milliardensummen stehen, die von der pharmazeutischen Industrie investiert und in die Werbung gesteckt werden, damit man uns alle möglichen Medikamente und Mittelchen verkaufen kann. Wir werden von den Public-Relations-Abteilungen einiger Universitäten und von Big Pharma manipuliert.

Dabei gibt es längst schon ein Fachgebiet, das sich ***Epigenetik*** nennt. Bei der ***Epigenetik*** handelt es sich um eine Disziplin der Biologie, in deren Rahmen man die Frage zu beantworten sucht, welche Faktoren die Aktivität eines Gens und die Entwicklung der Zelle festlegen und wie man also Gene ***verändern*** kann. Das heißt, selbst im Rahmen der Biologie ist man längst auf den Trichter gekommen, dass es sich bei den vielbesungenen Genen um eine reichlich zufällige Angelegenheit handelt, auf die man durchaus ***Einfluss nehmen*** kann. Selbst Gene sind nichts Statisches, wir sind ihnen nicht auf Gedeih und Verderb ausgeliefert. Meiner Erfahrung nach spielen die eigenen Gedanken und Emotionen eine weitaus wichtigere Rolle als Gene, wenn es darum geht, im Leben positive Veränderungen herbeizuführen. Ich schließe nicht aus, dass man eines Tages entdeckt, dass Gedanken weit, weit über den "Genen" angesiedelt sind. Jedenfalls sollte man dem Glauben an die bedingungslose Macht der Gene abschwören.

Fest steht für mich auf jeden Fall, dass wir uns nicht auf das Argument der Gene berufen sollten, auf die wir angeblich keinen Einfluss ausüben können. Es würde nebenbei bemerkt sogar uns selbst zu Zombies degradieren oder zu hilflosen Marionetten. Und so sollte der erste Schritt darin bestehen, mehr ***Verantwortung für unsere Ansichten und Betrachtungen zu übernehmen,*** oder positiv ausgedrückt: Wir sollten uns selbst mehr ***Macht*** zubilligen. Es hilft wenig, an dem Hund "herumzuschrauben" und "herumzudoktern". Man muss einen völlig neuen Ansatz wählen. Dazu ist es notwendig, bei der eigenen Person zu beginnen.

Mit diesem Statement aber befinden wir uns plötzlich auf einer verteufelt heißen Fährte. Wir brauchen sie jetzt nur noch weiterzuverfolgen ...

3.

PHYTAGORAS – ODER: EIN NEUES KONZEPT

Man könnte theoretisch ***sehr*** philosophisch werden, was den Hund anbetrifft. Es ist zugegebenermaßen nicht einfach, den Hund plötzlich auf eine ganz andere Art zu betrachten. Aber gönnen wir uns wieder einen kleinen Schlenker und blicken wir erneut in die Geschichte. Diesmal jedoch gibt es einen Ausblick, der unser Herz vor Freude hüpfen lässt, wenn die poetische Formulierung erlaubt ist. Lauschen wir einmal der Ansicht eines der größten griechischen Philosophen, was Tiere angeht, sprich nehmen wir den Blickpunkt des ***Pythagoras*** unter die Lupe.

DAS GEHEIMNIS DES PYTHAGORAS

Bis heute umgibt Pythagoras, der um 570 bis 510 v. Chr. lebte, ein Mysterium, das nie wirklich entschlüsselt wurde. ***Pythagoras*** ... dieser Name klingt noch immer wie eine Zauberformel, er ist noch immer mit rätselhafter Magie verbunden, er ist eingehüllt in okkulte, esoterische Wolken. Schier paranormale Phänomene umwabern diesen Namen, wie ein nicht fassbarer Nebel, den man nicht beiseiteschieben kann, so sehr man sich auch bemüht. Der Nebel, die Wolken, beide wollen bis heute nicht weichen, vielleicht weil man sich nie die Mühe gemacht hat, das ***Geheimnis des Pythagoras*** in seinen tiefsten Tiefen auszuloten. Wir alle kennen den "Satz des Pythagoras" für ein rechtwinkliges Dreieck. Aber diese mathematische Formel ist relativ unwichtig im Verhältnis dazu, was dieser große Mann wirklich lehrte.

Besonders bekannt wurde die "Schule des Pythagoras". Es handelte sich hierbei um eine ganz besondere Lehrstätte, wie sie in der Geschichte vorher nicht und vielleicht auch später nie wieder existierte. Die Schüler und Anhänger des Pythagoras wurden durch das engste Band der ***Freundschaft*** zusammengehalten, das man sich vorstellen kann. Die Mitglieder verpflichteten sich zu unbedingter Treue. Ein regelrechtes Treuegelöbnis, nicht nur in Bezug auf den Meister, Pythagoras, sondern auch gegenüber jedem "Bruder" oder Mitglied, war Aufnahmebedingung. Dabei beschränkte sich diese tiefe Freundschaft beileibe nicht nur auf die eigenen Kameraden. Diese "Freundschaftsphilosophie" umfasste alles Existierende.

Freundschaft – wir würden heute vielleicht sagen ***Liebe*** oder ***Zuneigung*** – sollte man laut Pythagoras allem gegenüber empfinden. Es galt also Liebe oder Zuneigung zu empfinden gegenüber

- dem eigenen Leib, einschließlich aller einander entgegenwirkenden Kräfte, die in ihm verborgen sind; sprich die Seele sollte mit dem Leib in Einklang leben;
- weiter sollte "Freundschaft" herrschen zwischen Mann und Frau, gegenüber Kindern, Geschwistern und Hausgenossen;
- "Freundschaft" war weiter von höchster Bedeutung in Bezug auf die Mitbürger und den Staat, aber auch was andersstämmige Menschen anging, ja selbst die "Vernunftlosen" sollte man lieben;

- Freundschaft gegenüber dem Menschen überhaupt sei wichtig, selbst in Bezug auf Sklaven sowie
- gegenüber ***Tieren*** und Pflanzen.[1]

Vereinfacht gesprochen forderte Pythagoras eine hohe Zuneigung oder "Liebe" in Bezug auf sich selbst, die Familie, die Gruppe, die Menschheit und das Tier- und Pflanzenreich. Vielleicht wurde nie ein großherzigeres Konzept der "Freundschaft" gegenüber ***allem*** in der gesamten Geschichte der Menschheit formuliert und vorgelebt. Diese "Freundschaft" galt wie gesagt auch gegenüber Tieren. Der Pythagoreer verzehrte kein Fleisch und keine Eier, er tötete kein Tier, das dem Menschen keinen Schaden zugefügt hatte, und beschädigte keinen gepflanzten Baum. Er brachte auch keine Tieropfer dar, wie das der Brauch der Zeit war, womit man sich über den herrschenden Aberglauben erhob. Ein Mitglied der Schule des Pythagoras ernährte sich von Wasser, nicht von Wein, er aß Gemüse, Brot und Honig.

Weiter war ein Pythagoreer vorbildlich in Bezug auf seine Kleidung. Sein Gewand war stets fleckenlos weiß, er trank oder aß nie zu viel, er züchtigte nie einen Sklaven, er reinigte sich regelmäßig und war ein Muster der Selbstbeherrschung. Er schwor nicht bei den Göttern, wie das die Sitte der Zeit war, denn jedermann sollte den Worten eines Pythagoräers auch ohne den Anruf der Götter Glauben schenken können. Wahrhaftigkeit und Wahrheitsliebe zeichneten ihn also aus.

Bevor ein Schüler jedoch in den innersten Zirkel der Schule aufgenommen wurde, in den ***esoterischen*** Zirkel, in dem es um die tatsächliche Einweihung ging, gehörte er fünf Jahre lang der ***exoterischen*** Gruppierung an, den "Außenstehenden". Das ***"Geheimnis des Pythagoras"*** blieb ihm also zunächst verwehrt, ja manchmal bekam er den Meister nicht einmal zu Gesicht. Aber was wurde in dem esoterischen Zirkel Schule gelehrt? Nun, Pythagoras war ein hochspiritueller Mensch, dem nichts wichtiger war als der "Geist" oder die "Seele". Pythagoras glaubte nicht, dass die Seele vergänglich war. Er nahm an, dass der Mensch aus einem Körper *und* einer Seele besteht. Und er glaubte, dass man nicht nur einmal lebt. Hierbei handelte es sich um das wirkliche *Geheimnis des Pythagoras*. Von wirklicher Bedeutung war die Tatsache, dass die Seele beim Tod den Körper verlässt und in einem anderen Körper, einem frischen Leib, wieder Platz nimmt. Die Tatsache der Reinkarnation, der Wiedergeburt oder der *Palingenesie*, wie sie die alten Griechen nannten, der "Wieder-Entstehung" also, wie die wörtliche Übersetzung dieses Ausdrucks lautet, galt als das größte Geheimnis.

Pythagoras vermutete, dass sich die Seele nach dem Tod zunächst im *Hades*, wie die griechische Unterwelt genannt wurde, in einem "Reich der Schatten" also, aufhält, aber dass sie danach zur Erde zurückkehrt. Eine ganze Kette von aufeinanderfolgenden Leben, eine "Seelenwanderung", findet mithin statt, glaubte Pythagoras, eine Wanderung der Seele von Körper zu Körper. Pythagoras glaubte sogar, sich an seine eigenen früheren Inkarnationen erinnern zu können. In einer früheren "Fleischwerdung", so stellte er fest, war er eine Dirne. Wieder in einer anderen Inkarnation, vor seinem Leben als Pythagoras, kämpfte er als der Held vor Troja, behauptete er. Pythagoras erinnerte sich offenbar an genaue Einzelheiten.

Aber der Philosoph vertrat darüber hinaus die Ansicht, dass sich eine Seele auch in einem *Tier* inkarnieren oder wiederverkörpern könne. Als er einmal einen Hund heulen hörte, der gerade verprügelt wurde, eilte ihm Pythagoras sofort zu Hilfe, da er glaubte, in dem Wehgeschrei und Gewinsel des Hundes die Stimme eines verstorbenen Freundes wiederzuerkennen.[2] Wenn das nicht aufregend ist!

DIE SEELE DES HUNDES

Man braucht nicht an die Reinkarnation zu "glauben", um ein Tier gut zu behandeln. Es wäre falsch, sich an dieser Stelle in Rechthaberei zu verlieren und philosophische Fragen erörtern zu wollen. Aber zumindest interessant ist doch der Umstand, dass es früh schon ganz andere Ansichten über Hunde und Tiere gab. Der Respekt vor dem Tier ist an vielen Orten und in vielen Zeiten anzutreffen, wobei man zusätzlich auf die Philosophie des Buddhismus und des Hinduismus verweisen könnte. Aber es geht mir nicht um Religion und auch nicht um eine konkrete Weltanschauung. Es geht mir nur um den Faktor "Liebe" und Zuneigung.

Man könnte mit der gleichen Berechtigung Prof. Dr. Gerald Hüther zitieren, einen Neurobiologen, der im Rahmen seiner Managementausbildung von Führungspersonal darauf aufmerksam machte, dass es im Prinzip zwei unterschiedliche Methoden gibt, wie man mit Angestellten und Mitarbeitern umgehen kann: Entweder man betrachtet (den Angestellten und Mitarbeiter) als ***Objekt***, das einfach benutzt wird, sprich man arbeitet mit Zwang, Angst, Belohnung und Bestrafung – oder aber man bringt einem Menschen höchsten Respekt und sogar Zuneigung entgegen. Die erste Methode beschreibt nur eine "Ressourcen-Ausnutzungs-Kultur", die zweite Methode beschreibt den "supportive Leader", der Angestellten und Mitarbeiter aktiv und ehrlich hilft, sodass jedermann mit Lust bei der Sache ist. Die ehrliche Zuneigung steht hier wieder im Mittelpunkt. Noch einmal: Auf der einen Seite stehen Degradierung und Bestrafung, auf der anderen Seite Respekt, Freundschaft und Unterstützung.[3] Natürlich bricht der Professor eine Lanze für die zweite Methode. Prof. Hüther spricht vom "Gehirn" und den Nerven des Menschen, Pythagoras sprach von der "Seele".

In einem gewissen Sinne ist es gleichgültig, welches Konzept man bemüht. Letztlich kommt es immer nur auf die ***Einstellung*** und das ***Ergebnis*** an. Erneut muss man zudem festhalten: Man braucht selbst einem Professor der Neurobiologie nicht zu "glauben". Was ich an dieser Stelle lediglich festhalten will, ist der Umstand, dass es durchaus auch alternative Strömungen und Lehren gab und gibt, die von ganz anderen Konzepten und Voraussetzungen ausgehen, hinsichtlich des Menschen und hinsichtlich des Tieres, und dass mit dem Faktor Zuneigung oder Liebe die besten Ergebnisse erzielt werden.

Theoretisch könnte man meinen: Alles rankt sich letztlich um die hochphilosophische Frage: Verfügt ein Hund über so etwas wie eine "Seele"? Besitzt er eine unverwechselbare "Persönlichkeit"? Aber wir brauchen, um ***Resultate*** zu erzielen, keinen Doktorgrad in Philosophie oder Biologie. Weitaus wichtiger ist die Einsicht, dass wir mit Zuneigung, mit Freundschaft, mit Respekt, ja mit ***Liebe*** erstaunliche Ergebnisse erzielen können. Das Stichwort "Liebe" führt uns im Übrigen zu einer weiteren interessanten Einsicht ...

DAS VERTRACKTE WÖRTCHEN »LIEBE«

Bei meiner Arbeit mit Hunden und Hundebesitzern stellte ich fest, dass die überwiegende Anzahl aller Menschen, gefühlte 90 Prozent, deshalb einen Hund halten und besitzen, weil sie von ihm etwas ***erhalten*** wollen, was der Mensch sich scheinbar nicht selbst geben kann: wahre, bedingungslose ***Liebe***, ferner Verständnis, Trost, Unterstützung, Zärtlichkeit und Anerkennung. Manchmal spielt auch die Unfähigkeit, mit sich selbst allein sein zu können, eine Rolle. Nun, wenn du den Hund nur als einen Spender für eine bestimmte Emotion betrachtest, die er in deine Richtung transportieren soll, degradierst du das Tier nolens volens zu einem ***Objekt***. Der Hund soll in diesem Fall "gefälligst" etwas geben. Er soll sich so verhalten, wie du es wünschst. Darauf hast du scheinbar ein Anrecht.

Die bessere Einstellung besteht darin, etwas zu ***geben***, nicht zu nehmen. Das heißt, wenn man ständig "Liebe" und "Treue" erwartet, aber nicht bereit ist, sie umgekehrt zu geben, entsteht ein Ungleichgewicht, die Balance ist gestört. ***Liebe*** ist ein Konzept, das im Allgemeinen missverstanden wird. Die meisten Menschen versuchen, den Partner auf sich und ihre Bedürfnisse zuzuschneidern – das verstehen sie unter "Liebe". Sie versuchen, ihn so umzuformen, dass er zu ihnen selbst passt. Und so gehen viele Beziehungen in die Brüche. Wenn diese Einstellung auf beiden Seiten existiert, artet eine Zweierbeziehung oder eine Ehe immer dazu aus, dass jeder den anderen nach seinen Vorstellungen zu formen versucht. Eine Art "Machtkampf" entsteht. Auf der Strecke bleibt die Liebe. Noch einmal: Liebe bedeutet, dass man bereit ist, zu ***geben***.

Auch den Hund darfst du nicht zu einem Objekt in Sachen "Liebe" degradieren. Du musst geben wollen. In diesem Sinne ist es klug, die Sprache des Hundes zu erlernen, seine Körpersprache zu lesen und auf ihn einzugehen. Aber worin, verflixt, liegt das eigene Fehlverhalten eigentlich begründet?

LIEBE UND ALTE PROGRAMME

Nun, es mag 101 Ursachen geben, warum wir in Sachen "Liebe" so verkorkst sind. Die meisten Menschen tragen Altlasten mit sich herum, "alte Programme", die viele Jahre zurückliegen mögen. Sie sind “vorprogrammiert” in Sachen Liebe. Manchmal haben sie sich sogar selbst zum Objekt der “Liebe” degradieren lassen. Aber grundsätzlich bin ich gegen stereotypisierte Psychoanalyse, man liegt damit fast immer falsch.

Es mag wie gesagt 101 andere Gründe geben, warum unser Konzept von “Liebe” nicht stimmt und auf einem fehlerhaften, alten Programm beruht. Ein Verlust einer geliebten Person mag dazu führen, dass man nach “Liebe” hungert. Eine Ablehnung in Sachen Liebe mag schmerzhaft sein. Und schon entsteht ein “Programm”, das uns gebietet, zwanghaft nach “Liebe” Ausschau zu halten.

Doch bleiben wir bei der Praxis und überstrapazieren wir die Theorie nicht. Grundsätzlich sollten sich Hund und Mensch “auf Augenhöhe” begegnen. Von Subjekt zu Subjekt. Man gestatte mir eine Wiederholung: Der Hund darf auf keinen Fall zum Objekt degradiert werden, der gefälligst Liebe zu geben hat. Echte Liebe beruht auf dem Konzept des Gebens, wobei man der Gegenseite die Freiheit einräumt, Liebe zu erwidern - oder auch nicht. Echte Liebe ist frei von Erwartungen, von Vorurteilen und von bewertenden Beobachtungen.

EIGENLIEBE

Eigentlich ist der Begriff “Eigenliebe” negativ besetzt. Aber positiv angewendet bedeutet er, dass du zuerst in der Lage sein musst, auch dich selbst zu mögen. Du solltest dein eigener bester Freund sein - wie es ansatzweise schon Pythagoras forderte. Du musst bei dir selbst “ankommen”, metaphorisch ausgedrückt. Du solltest dich selbst verstehen und gern haben. Sobald das der Fall ist, erkennst du nebenbei bemerkt, dass eine ungeheure

Kraft und Macht in dir schlummert. Plötzlich kannst du völlig neue Dinge anpacken, an die du dich zuvor nie gewagt hast.

Du solltest dich mit anderen Worten "pudelwohl" in deiner eigenen Haut fühlen. Wenn du allein bist, solltest du unter keinen Entzugserscheinungen oder Einsamkeitsgefühlen leiden. Du benötigst also ein völlig neues Konzept von "Liebe" oder von "Freundschaft" - aber beginne bei dir selbst.

NOCH EINMAL: ALTE PROGRAMME

Sobald du realisierst, dass du schon als Kind "Programme" von Vater, Mutter oder anderen Bezugspersonen übernommen hast, was "Liebe" angeht, öffnet sich eine neue Welt. Die meisten von uns wiederholen nur das Leben der Ahnen, sie leben nicht ihr eigenes Leben. Viele spulen nur alte Programme wieder und wieder ab.

Sobald du alte Programme jedoch über Bord geworfen hast, erkennst du, dass du weitaus mehr bist, als man dir je erlaubt hat zu sein. Ein Teil dieser "alten Programme" mag nebenbei bemerkt recht vernünftig und passabel sein, du musst nicht deine gesamte Erziehung, Kindheit und Jugend zwanghaft verdammen. Ich ziele nur auf die törichten, negativen und "schmerzhaften" Programme ab, die voller Unsinn und Vorurteilen stecken. Man sollte diese Art von Programmen gewissermaßen an die Eltern zurückgeben - oder besser gesagt: Man sollte sie auslöschen. Du solltest dich von ihnen innerlich distanzieren. Danach kannst du dich selbst neu aufstellen. Du kannst dein eigenes Leben vollständig neu erschaffen. Doch erst wenn du dich von allen alten Programmen verabschiedet hast, wandelst du dich von einem Objekt zu einem Subjekt.

LIEBE VON SUBJEKT ZU SUBJEKT

Erst wenn du selbst Subjekt geworden bist, kannst du auch Tiere als Subjekte behandeln. Erst dann wirst du darauf verzichten, sie zum Objekt zu degradieren. Alles beginnt also bei der eigenen Person. Aber du brauchst dazu bestimmt keine Psychoanalyse. Hier wird zu viel bewertet und andere, sogenannte "Autoritäten" geben dir vorgefertigte Antworten. Es ist nur eine neue Art der Programmierung. Ich kenne Fälle, da hatten Menschen nach einer Psychoanalyse mehr Probleme als zuvor, ja sie trugen sogar regelrechte Schäden davon.

Wahrheit liegt nur in dir selbst. Kein Doktor, kein Seelenklempner und kein Psychologe kann die Wahrheit über dich ergründen. Wahrheit ist immer und ausnahmslos vollständig subjektiv. Notwendig ist lediglich eine Art "Bewusstwerdung". Manchmal reicht es aus, einfach zu realisieren, dass man mit falschen Programmen gefüttert worden ist - und man kann sie daraufhin schon beiseiteschieben. Wenn das gelingt und wenn du mit dir selbst im Reinen bist, wenn du "deine Mitte gefunden" hast, bist du auch bereit, das Tier und deinen Hund bedingungslos zu lieben. Erst dann kannst du ihm echte "Freundschaft" und Zuneigung entgegenbringen. Dann ist Liebe von Subjekt zu Subjekt möglich.

Wenn dir also einige alte Konzepte von *Liebe* gerade bewusst geworden sind - und wenn sie nichts taugen -, lösche sie einfach, distanziere dich von ihnen, verabschiede dich von ihnen. Sage ade. Du hast die Freiheit, jeden Tag ein vollständig neues Leben zu beginnen. Orientiere dich einfach an dieser Messlatte: ***Liebe bedeutet zu geben, Liebe ist frei von Erwartungen und von Vorurteilen.*** Sobald du das erreicht hast, befindest du dich auf einem vollständig neuen Plateau, wo die Aussicht schier unendlich ist.

DRESSUR CONTRA VERSTÄNDNIS

Wir brauchen keine funktionalisierten Wesen, die man lediglich gut abrichten muss. Dressurmethoden sind tödlich, sie können nie eine echte Beziehung ersetzen, sie verhindern sie sogar. Der Hund muss sich im Gegenteil in der Gegenwart seines Besitzers wohlfühlen. Dazu ist es notwendig, dass du dem Hund ***zuhören*** kannst. Du musst dich fragen: "Was will mir mein Hund sagen?"

Erneut landen wir damit bei dem Thema Hundesprache. Der erste Schritt, mit dem Hund zu "sprechen" und mit ihm in Kommunikation zu treten, besteht darin, bereit zu sein, genau zu beobachten, ***unvorstellbar*** genau zu beobachten. Weiter musst du die innere Bereitschaft mitbringen, dem Hund wirklich und tatsächlich zuzuhören. Und auf einmal wirst du - durch genaue Beobachtung und durch Liebe - seine Sprache "magischerweise" verstehen.

Du wirst ihn fragen: "Was kann ich heute für dich tun, alter Freund?" Du wirst nicht verlangen: "Verdammter Köter, zeige mir endlich etwas mehr Zuneigung! Stell dich nicht so dumm an, du Vieh, und gehorche mir gefälligst, wenn ich pfeife. Und hör endlich auf, in die Stube zu scheißen!" Umgekehrt wird ein Schuh daraus. Und plötzlich passieren die unglaublichsten Dinge ...

DIE KONDITIONIERUNG BEIM TIER

"Abrichten" bedeutet, das Objekt mit Belohnung und Bestrafung dazu zu bringen, sich auf eine gewünschte Weise zu verhalten. Belohnungen sind nebenbei bemerkt manchmal genauso falsch wie Bestrafungen. Mit beiden Methoden versucht man nur, das

“Objekt Hund” in eine Form zu pressen und in eine Richtung zu drängen. Fast jede “Hundeschule” lehrt heute nur Dressur, Dressur, Dressur.

Aber warum funktioniert das so oft nicht? Nun, wenn man mit sich selbst uneins ist, wenn man “aus der Mitte kippt”, so zeigt uns der Hund unsere eigene Unzulänglichkeit auf. Der Mensch versucht nun gewissermaßen, seine eigenen Fehler an dem Hund zu korrigieren. Und so wird der Hund misshandelt. Der Hund könnte in diesem Sinne auch als eine Art Lügendetektor betrachtet werden. Aber das weiß der Hundebesitzer nicht, und daher bemüht er sich, das Tier in eine Form zu pressen. “Gelingt” diese Konditionierung, kann der Hund jedoch die Unzulänglichkeiten des Menschen nicht mehr entdecken. Er wird zu einer Art Automat degradiert, zu einem Roboter, zu einem Hunde-Roboter.

Man könnte den Sachverhalt durchaus vergleichen mit einem Kind, das in seiner Naivität eine (unangenehme) Wahrheit ausspricht. Die Folge: Mama verpasst ihm dafür eine saftige Ohrfeige. Im besten Fall erhält man also einen perfekt abgerichteten Bio-Roboter, wenn man auf die “Konditionierung” und “Dressur” setzt. In der Folge kann der Hund als Vorführobjekt missbraucht werden. Er reagiert nur noch auf primitive Reize.

Zugegeben, es gibt Hunde, die aufgrund der Konditionierung recht gut im Alltag “funktionieren”. Aber sie verlieren jede Persönlichkeit. Bei solchen Hunden kann durch “Schlüsselworte” wie “Sitz!” alles erreicht werden. Jede x-beliebige Person kann diesen Reiz auslösen, der Hund wird den Befehl roboterartig ausführen. Im Zirkus geht der Dompteur genau so und nicht anders vor. Man braucht nur die “Schlüsselwörter” zu kennen, und schon wird alles mechanisch exakt ausgeführt. Viele Hunde lassen sich auf diese Art kontrollieren, aus ihrer bedingungslosen Liebe zum Menschen. Einige Hunde werden jedoch rebellieren.

DIE KONDITIONIERUNG BEIM MENSCHEN

Wieder muss der Vergleich mit der Menschenwelt erlaubt sein. Auch in verschiedenen "Erziehungssystemen" existiert das Bemühen, kleine Roboter heranzuzüchten. Dabei handelt es sich ausnahmslos um pädagogische Systeme, die vollständig versagen. Im Fall der Kinder verpasst man ihnen dann ***Ritalin*** oder ein anderes gefährliches Medikament, das furchtbare Nebenwirkungen zeitigen kann. Ich sage: Das ist ein Verbrechen an Kindern. Kinder oder Jugendliche mit Drogen/Medikamenten vollzustopfen, ohne dass sie sich dagegen wehren können, ist eine Angelegenheit, die vor den Kadi gehört.

Kinder und Hunde werden in gewissem Sinne "zum Tode verurteilt", zum geistigen Tod, wenn sie als Objekte oder Roboter behandelt werden. Doch Menschen und Wesen, die nicht in ein "System" passen, werden heute so drangsaliert. Man versucht verzweifelt, sie in ein vorgefertigtes Schema zu pressen. Nötigenfalls stopft man sie wie gesagt mit Medikamenten voll, damit sie "erzogen" werden können. Es handelt sich hierbei um die vollständige Bankrotterklärung der Intelligenz. Drogen wie ***Ritalin*** sind der unsichtbare Maulkorb und die unsichtbare Leine beim Menschen. Mit ein paar "schicken" Vokabeln streut man gleichzeitig allen Sand in die Augen. "Gelehrt" und mit erhobenem Zeigefinger spricht man dann zum Beispiel von ADHD, was eine Abkürzung ist für ***Attention-Deficit Hyperactivity Disorder***. Es handelt sich dabei angeblich um eine mentale Fehlfunktion der Nerven. Das Kind neigt in diesem Fall zu "exzessiven Aktivitäten", man kann es nur "mit Schwierigkeit kontrollieren". Aber ha! Genies verfügen über genau diese Eigenschaften! Sie neigen ebenfalls zu einer ungeheuren Aktivität, was jedoch ein enorm gutes Zeichen ist, und es ist fast unmöglich, sie zu kontrollieren.

Es gilt zu realisieren, dass unsere gesamte Gesellschaft langsam aber sicher den Bach heruntergeht, denn wir alle werden in Zwänge und Korsette eingeschnürt. Wir werden "geformt". Man will uns zu kleinen funktionierenden Robotern umgestalten, zu Bio-Robotern. Genau das ist jedoch der Tod jeder Gesellschaft. Robotismus ist das Gegenteil der Freiheit. Freiheit aber beinhaltet das Recht, nach seiner eigenen Fasson selig zu werden.

Wir sollten also nicht damit übereinstimmen, dass unsere "Wirtschaft" funktionierende Systemsoldaten braucht. Die meisten Menschen laufen auf "Programmen", wie ich das genannt habe. Sie glauben an Belohnungen und Bestrafungen. Heute wird die Bestrafung allerdings im Zuckerwattekleid präsentiert, denn man darf nicht mehr wild auf den Menschen einprügeln, wie das noch zur Zeit der preußischen Könige geschah. Dennoch läuft auch heute noch alles auf eine Programmierung hinaus. Die meisten Menschen lassen sich dressieren und zu Objekten degradieren. Einer der Gründe? Sie kennen es nicht anders, denn sie wurden bereits von Kindheit an programmiert. Es scheint keine Alternative zu geben.

MENSCH UND HUND

Der Hund ist ebenfalls diesen Zwängen ausgesetzt, aber er kann sich noch weniger zur Wehr setzen. Er wird noch weitaus schlimmer degradiert als der Mensch. Aber genau an dieser Schnittstelle eröffnet sich eine ungeheure Chance. Hundehalter können realisieren, dass man den Hund eben nicht "formen" sollte, nicht "dressieren" und nicht "abrichten". Die meisten Menschen wissen nicht um den Umstand der allgegenwärtigen "Programmierung", und sie wissen nicht, dass sie es nicht wissen.

Und da sie selbst abgerichtete Systemsoldaten sind, übertragen sie genau dieses Konzept unwissentlich auf den Hund.

Nahezu die gesamte Hundeszene sitzt diesem Irrtum auf, sie funktioniert genau so und nicht anders. Hier glaubt man, allein die richtige "Konditionierung" sei notwendig, und schon wäre der Fisch geputzt. Dabei helfen in Wahrheit in puncto Hund nur genaueste Beobachtung, Liebe und Freundschaft - und der Wille, echte Verantwortung zu übernehmen. Noch einmal: Der erste Schritt besteht darin, sich selbst von "Programmen" und "Programmierungen" frei zu machen, auch von unseren Ängsten. Denn Hunde "riechen" Angst. Jeder Hund zeigt dem Menschen 1:1 auf, wenn er von dem idealen Zustand abweicht, in unserem Fall von der 100-prozentigen Angstfreiheit. Der Hund riecht jede Lücke.

Was also ist zu tun?

KLEINES ZWISCHENFAZIT

Wirf alte Programme einfach über Bord. Lass dich selbst nicht mehr kontrollieren, konditionieren und zum Roboter degradieren. Lass dich nicht trainieren, dressieren und in eine Form pressen.

"Freundschaft" und Zuneigung, auch zu dir selbst, ist die Voraussetzung, um ein optimales Verhältnis zu deinem Hund aufzubauen.

Realisiere: Dein Hund spiegelt dich nur wieder. Wenn das nicht spannend ist! Sobald du selbst eine gewisse Freiheit gewonnen hast, kommt der Hund an die Reihe, dein Hund.

Wenn du auf deine alten Programme pfeifen kannst, kannst du deinen Hund ganz anders behandeln als bisher. Tatsächlich werden sich die unglaublichsten Veränderungen einstellen.

Dabei ist das erst der Anfang.

4.

RICHTIG UND FALSCH – ODER: DER WEG

Vertiefen wir die Einsichten aus dem letzten Kapitel. Der Hundebesitzer ist gut beraten, wenn er bei sich selbst nachforscht und sich selbst fragt: "Was ist mein Motiv? Warum bin ich daran interessiert, einen Hund zu besitzen?" Wenn die Antwort lautet, dass der Grund ein Mangel an Liebe oder Zuneigung ist, bewegt er sich in die richtige Richtung - denn es handelt sich um die Wahrheit. In den meisten Fällen zumindest. Der Hundebesitzer ist ehrlich gegenüber sich selbst, was Mut beweist. Bravo! Gleichzeitig realisiert er, dass dies keine optimale Ausgangsbasis sein kann. Optimal wäre ***bedingungslose Liebe*** zu dem Tier.

Die Wiederholung sei erlaubt, es ist zu wichtig: Allzu leicht passiert es, dass der Hundehalter seinen Hund zum Objekt seiner ***eigenen*** Erwartungen, Hoffnungen und Sehnsüchte macht. In der Folge achtet der Hundebesitzer nur darauf, ob sich sein Hund genau so entwickelt, wie er es selbst wünscht. Geschieht dies nicht, so "bewertet" er in der Folge den Hund. Offenbar macht der Hund etwas falsch - glaubt er. Danach beginnt der "Erziehungsprozess". Der Hund wird nun bestraft oder ignoriert. Die Situation verschlechtert sich. "Gehorcht" der Hund jedoch, so wird das Tier ebenfalls zum Objekt degradiert. Der Hundehalter lobt ihn oder belohnt ihn. Dadurch aber presst er ihn ebenfalls in eine Schablone.

In jedem Fall gerät das Tier zu einer Art Opfer, zu einem ***Objekt***, das nur die eigenen Wünsche, Sehnsüchte, Erwartungen und Hoffnungen widerspiegelt. Nicht mehr. Der Hund mutiert tatsächlich zu einer Art "Ware", zu einem "Gegenstand". Das wiederum resultiert in Schmerzen, echten körperlichen und emotionalen Schmerzen, die das Tier erleidet. Dabei kann man dem Hundehalter nicht einmal eine böse Absicht unterstellen. Er wünscht tatsächlich nur "das Beste" für seinen Hund. Sein Ziel besteht darin, dass aus dem Hund "etwas wird".

Der Vergleich mit dem Vater, der wünscht, dass sein Sohn gefälligst in seine Fußstapfen treten soll, bietet sich an dieser Stelle an. Die Literatur ist voll von hochemotionalen Beispielen, da Söhne gezwungen wurden, den Beruf des Vaters zu ergreifen. Der Vater wünscht, dass sein Lebenswerk fortgesetzt wird, er projiziert seine Wünsche und Vorstellungen auf den Sprössling. Er hat vielleicht einen ehrenwerten, angesehenen Beruf, der ihm ein gutes Auskommen verschafft. Also wünscht er, dass sein Sohn gleichfalls "gut in der Welt" dasteht, so wie er selbst. Er zwingt nun den Sohn in seinen Beruf, indem er ihn belohnt oder bestraft, manchmal direkt, manchmal indirekt.

Was das Verhältnis zwischen Mensch und Hund angeht, gilt es ebenfalls zu realisieren, dass es falsch ist, die eigenen Vorstellungen dem Tier aufzwingen zu wollen. Ein Hund besitzt eine unverwechselbare Persönlichkeit. Wenn man sie verbiegt, wenn man das Tier bestraft oder wenn man den Hund nur belohnt, wenn er den eigenen Vorstellungen wie ein Sklave folgt, vergewaltigt man das Tier psychisch. Noch einmal: Die Alternative besteht darin, tatsächlich bedingungslos ein Tier zu lieben, frei von den eigenen Erwartungen, Sehnsüchten und Vorstellungen, frei von Bewertungen und frei von belohnenden und strafenden

Maßnahmen. Weitaus fairer gegenüber dem Hund ist es, ihm die Empfindung zu geben, dass er so, wie er ist, "richtig" ist.

Was bedeutet das im Klartext?

EINE NEUE SICHT

Solange du deinen Hund verändern willst, vor allem gewaltsam verändern willst, handelt es sich nicht um "Liebe". Nimm nicht an, du würdest dich besser fühlen, wenn dein Hund sich ändert, das ist bestenfalls für ein paar Augenblicke der Fall. Es verschafft dir vielleicht eine kurzzeitige Befriedigung, wenn du deinen Hund nach deinen eigenen Vorstellungen in eine Form presst und ihn in eine Richtung drängst, die dir passt, wenn du ihn also "programmierst" und zu einem bestimmten Verhaltensmuster zwingst.

Aber du degradierst damit den Hund zu einem Objekt und missbrauchst ihn. Indirekt machst du dich dadurch sogar selbst zum Objekt – du tust dir selbst keinen Gefallen, im Gegenteil, denn du steigst selbst auf einer unsichtbaren "geistigen Leiter" eine Stufe tiefer. Durch die Absicht, den Hund ändern zu wollen, verhinderst du außerdem, dass du dich selbst veränderst. Du verpasst eine Chance, dich weiterzuentwickeln.

Wenn du annimmst, vollkommen zu wissen, was gut ist für deinen Hund, frage dich selbstkritisch: ***Woher nehme ich diese Gewissheit?*** Nimm Abstand von "Hundeschulen", die predigen, man müsse Tiere trainieren, dressieren und dominieren. Das ist kaum Liebe. Hierbei handelt es sich um Manipulation. Wenn du dagegen beginnst, deinen Hund zu respektieren, eröffnet sich dir eine neue Welt. Wenn du seine Eigenarten und "Macken" beobachtest, erlaube dir, dich zu fragen: ***Was will mir mein Hund zeigen?*** Und: ***Hat das vielleicht etwas mit mir zu tun***?

Betrachte das Verhalten deines Hundes als einen “Fingerzeig”. Räume die Möglichkeit ein, dass es bei dir selbst “Baustellen” gibt, an denen du feilen und schmirgeln könntest. Vielleicht kannst du für diesen oder jenen Umstand mehr Verantwortung übernehmen? Vielleicht musst du in einigen Situationen “Größe” zeigen? Schließe nie aus, dass du von deinem Hund lernen kannst. Eigentlich ist es aufregend und spannend: Du kannst von deinem eigenen Hund etwas über dich selbst erfahren.

Es ist fast unglaublich, aber ich habe es immer und immer wieder beobachtet: Wenn *du* dich änderst, werden die “Eigenarten” und “Macken” deines Hundes verschwinden.

Man muss es selbst ausprobieren, um dies zu glauben. Man kann es eigentlich nur erfahren. Aber das Ergebnis ist nichts weniger als spektakulär: Es entsteht auf einmal eine fast “magische Einheit” zwischen Mensch und Hund. Das Verhältnis wird besser und besser.

THEORIE UND PRAXIS

Zitieren wir ein Beispiel aus der Praxis und füllen wir das Ganze mit Fleisch, damit wir nicht nur der Theorie verhaftet bleiben. Im Jahre 2017 besuchte mich eine Kundin, nennen wir sie A., zusammen mit ihrem Hund Bosco, es handelte es sich um einen Deutschen Schäferhund. Das Problem: Der Hund sprang ihren Mann ständig aggressiv an und suchte ihn zu verbellen, wenn er nach der Arbeit nach Hause kam. Ihr Mann geriet darüber regelmäßig in Zorn. Schließlich verlangte er von seiner Frau, den Hund wegzugeben. A. hatte daraufhin unter anderem verschiedene “Hundeschulen” konsultiert, doch das Verhalten Boscos veränderte sich nicht. Tatsächlich strömten A. die Tränen über die Wangen, als sie mich besuchte, die Situation schien ausweglos. Ich war so etwas wie ihre letzte Hoffnung. Sie liebte ihren Hund und wollte ihn unbedingt behalten.

Nach einem kurzen Gespräch erkannte A., dass ihr Hund ihr nur aufzeigte, was in ihrem Inneren passierte. Sie war wütend auf ihren Mann, weil er sie respektlos behandelte und offenbar "nicht sah", was in ihr vorging und welche Ziele für sie wichtig waren. Sie war zornig! Im Grunde genommen wäre es ihr am liebsten gewesen, ihr Mann hätte seine Jacke genommen und wäre auf Nimmerwiedersehen verschwunden.

Nun, es gilt der Satz: Wie das Frauchen, so der Hund. Die Lösung war daher verhältnismäßig einfach: Ich fragte A., was ***sie*** sich wirklich wünschte? Was ***ihre*** Ziele waren? Zuerst druckste A. ein wenig herum. Es war nicht leicht, der Wahrheit ins Auge zu blicken. Aber dann strömte es nur so aus ihr heraus. Jedenfalls entschied sie sich auf einmal - ohne mit ihrem Mann Rücksprache zu halten -, ihren Hund zu behalten. Das heißt, sie hatte die ganze Zeit mit dem Gedanken gespielt, den Hund wegzugeben. Jetzt veränderte A. schlagartig ihre Haltung. Sie dachte nicht mehr im Traum daran, auf ihren Hund zu verzichten.

Diese Änderung ihrer Haltung und ihrer Einstellung war so etwas wie eine Raketenzündung. A. wusste mit einem Mal, was "richtig" war. Ihr Hund hatte ihr beigebracht, zu sich selbst zu stehen. Und ... innerhalb kürzester Zeit änderte sich das Verhalten Boscos vollständig. Die Begrüßung zwischen ihrem Hund und ihrem Mann, wenn er nach Hause kam, nahm auf einmal eine ganz andere Qualität an. Bosco begann, den Mann freudig zu begrüßen - ohne Aggression. Und A. fing an, zu sich selbst zu stehen. Sie achtete auf ihre eigenen Wünsche. Sie stellte eine Liste auf und notierte, was sie erreichen wollte. Und dann krempelte A. die Ärmel auf und ging ihre Ziele an.

Heute ist A. ein komplett neuer Mensch. Sie hat eine vollständig neue Einstellung und steht inzwischen zu sich selbst. Anders ausgedrückt: Sie hat ihre Mitte gefunden. Ihr Mann respektiert diese neue Haltung zu 100 Prozent, und auch er änderte sich nebenbei bemerkt in positiver Weise. Und dies war im Grunde genommen logisch. Vorher konnte er seine Frau nicht respektieren, weil in großen, dicken, fetten Lettern auf ihrer Stirn stand: "Bitte respektiere mich nicht!" Der Hund hatte also nur den Zorn, den Ärger und die Frustration A.s gespiegelt, und zwar 1:1. Es handelte sich um eine der faszinierendsten Änderungen, die ich je beobachten konnte.

5.

ERSTAUNLICHE ERFOLGE

Es ist faszinierend und auf den ersten Blick schier unglaublich: Wenn der Mensch sich ändert, werden auch manche Eigenarten und "Macken" des Hundes verschwinden. Ein Mensch muss also zuerst "in sich selbst ruhen", wie das die alten Weisen ausdrückten, er muss sich selbst vertrauen und seiner eigenen Kraft - erst dann "funktioniert" auch der Hund. Es ist eine erstaunliche Entdeckung. Auf diese Reihenfolge machte seltsamerweise bislang noch niemand aufmerksam, selbst kein noch so begabter ***Dog Whisperer***.

Ein Hundebesitzer muss also zunächst zu sich selbst stehen. Es darf ihn nicht kümmern, was andere Menschen von ihm denken. Er sollte realisieren, dass er nicht abhängig ist von der Meinung anderer Zeitgenossen. Er kann auf alles pfeifen, was ihm eingetrichtert worden ist. Menschen, die in sich selbst ruhen, verhalten sich auf eine bestimmte Art und Weise. Sie sind zuverlässig, anständig, verbreiten eine Atmosphäre der Sicherheit und sind angenehm. Ein Zeitgenosse, der jedoch ständig die "Rückendeckung" durch eine andere Person benötigt, ist "unvollkommen", wie man das in Ermanglung eines besseren Ausdrucks nennen könnte. Er läuft vielleicht vor bestimmten Situationen davon. Er strömt "Angst" aus. Und genau diese Angst "riecht" der Hund.

Niemand spürt besser als ein Hund, wie es um einen Menschen bestellt ist. Sobald man mit sich selbst im Reinen ist, ist die Beziehung zu dem eigenen Hund ein Kinderspiel. Der Hund wird zu "Frauchen" oder "Herrchen" stehen, ohne jede Probleme. Er wird den Hundebesitzer als ***Führer*** akzeptieren. Es sieht aus wie Magie.

Zugegeben, es ist nicht leicht, den eigenen Fehlern ins Auge zu sehen. Es erfordert Mut und Charakterstärke. Es ist fast eine Heldentat, auf seine Unvollkommenheiten zu blicken. Eine solche Haltung verdient Applaus. Wie leicht ist es dagegen, "Fehler" bei anderen zu suchen. Noch leichter ist es, ein Versagen bei seinem Hund zu entdecken. Wie verführerisch ist es, ein Tier zu trainieren, zu schulen, abzurichten und zu programmieren. Aber wie viel mehr Mumm erfordert es, sich selbst an die eigene Nase zu fassen!

Schon die alten Griechen forderten: ***Erkenne dich selbst!*** Es handelt sich hierbei um eine Inschrift auf dem Apollotempel zu Delphi, der berühmtesten Orakelstätte im alten Griechenland. Zugeschrieben wurde sie einem der "Sieben Weisen", wie man später die klügsten Männer im antiken Griechenland bezeichnete. Sobald man also sich selbst ein Stück durchschaut hat, ist es durchaus erlaubt, sowohl sich als auch den Hund zu belohnen und ihm zum Beispiel ein Stück Wurst zu geben. Belohnungen sind also nicht immer falsch. Belohnungen sind nur dann unrichtig, wenn damit eine manipulative Absicht verbunden ist.

Es ist jedenfalls mehr als faszinierend, dass man seinen eigenen Hund dazu nutzen kann, den persönlichen Reifegrad festzustellen. Es handelt sich um eine völlige Umkehrung der normalen Vorgehensweise. Ein Thema, das sich angeblich auf den Hund bezieht, wird auf einmal dazu benutzt, um bei sich selbst eine

Änderung herbeizuführen. Wer es sich gestattet, die Augen zu öffnen und sich mit sich selbst auseinanderzusetzen, ist die berühmte Nasenlänge voraus. Er wird sich also fragen, wenn der Hund "Zicken" macht: "Verflixt, was hat das mit mir zu tun?" Wenn er dann den Umstand findet und ausräumt, wird sich eine neue Beziehung zu dem Tier anbahnen. Der Hund belehrt ihn über sich selbst.

DIE FALSCHEN UND DIE RICHTIGEN FRAGEN

Bislang hast du es einfach versäumt, die richtigen Fragen zu stellen. Du fragst dich nur:

- Was sind die Gründe, warum mir mein Hund nicht zu 100 Prozent gehorcht? Aus welchem Grund führt mein Hund nicht genau meinen Befehl aus, da er doch eigentlich Sinn macht?
- Warum will mein Hund jagen? Wieso jagt er jedem anderen Hund und Ball wie besessen hinterher?
- Warum schnappt mein Hund nach mir, nach anderen Menschen, ja sogar nach dem Hundetrainer?
- Was ist die wahre Ursache, dass mein Hund mich ignoriert und scheinbar vergisst?
- Weshalb kann mein Hund nicht allein sein, warum jault er oder zerstört Gegenstände?

Kurz gesagt handelt es sich hierbei um die falschen Fragen. Wenn einem Hundebesitzer an einer fantastischen Beziehung zu seinem Tier gelegen ist, muss er erst mit sich selbst im Reinen sein. Ansonsten laboriert er nur an äußeren Symptomen herum und kommt auf keinen grünen Zweig. Das wären also die richtigen Fragen:

- Fühlt es sich "für mein Herz" stimmig an, was ich tue?
- Liegen meinen Handlungen in diesem oder jenem Fall Ängste zugrunde? Habe ich zum Beispiel Angst, was andere über mich denken?
- Was will mir mein Hund mitteilen, was mich selbst angeht?

Der Hund ist also eine Art Spiegel. Denn noch einmal: Ein Hund "riecht" Angst. Er "riecht" Unvollkommenheit. Er weiß, wann etwas "echt" ist und "unverstellt" oder "ehrlich". Er ist eine Art Spiegel. Und so kann man den Hund nutzen, um etwas über sich selbst zu lernen und etwas über sich selbst herauszufinden, ja über das Leben überhaupt. Man kann sich weiterentwickeln.

KONDITIONIERUNG VERSUS VERSTEHEN

Falsch ist es dagegen, den Hund zu konditionieren – selbst was die einfachsten "Befehle" angeht. Jeder gesunde Hund kann "von Haus aus" sitzen ("Sitz!"), liegen ("Platz!") und seiner Mutter folgen ("Fuß!"). Schon ein Welpe trägt dieses Wissen mit sich herum. Aber der Mensch glaubt, er müsse seinem Hund ***Sitz!***, ***Platz!*** und ***Fuß!*** erst umständlich beibringen. Das Denken in Konditionierungskategorien ist schlicht und ergreifend kontraproduktiv. Die Operationsweise, etwas mechanisch nach einem "Programm" abzuspulen, ist der nackte Wahnsinn. Im gewissen Sinn spiegelt die Hundeszene lediglich die Gesellschaft wider, und zwar exakt 1:1. Alle verfügen wir über "Programme" im Unterbewusstsein, um die wir nicht wissen. Der Hund kann uns dabei helfen, unsere schlechten von den guten, vernünftigen Programmen zu unterscheiden.

Die klassische Konditionierung ist eigentlich längst passé, wie schon Peggy Andover und auch andere Wissenschaftler inzwischen feststellten.[1] Wir müssen uns also von den alten, abgeschmackten, abgehalfterten Programmen frei machen und von ihnen lösen. Sie stellen eine Art Gefängnis dar, das jedoch nur im Kopf existiert. Es handelt sich um eine Art Illusion, denn dieses Gefängnis existiert nicht "wirklich". Gewissermaßen ist der Mensch nur sein eigener Gefängniswärter. Er muss sich aus diesem Gefängnis selbst entlassen.

Auch das Thema "Krankheit" könnte unter diesem neuen Aspekt betrachtet werden. Menschen werden meiner Erfahrung nach krank aufgrund von Neid, Eifersucht, Hass, Wut, Aberglaube, Angst und Gier – Gefühle, die sie sich selbst zufügen. Was passiert in der Folge? Wie schon gesagt: Big Pharma schaltet sich ein. Die pharmazeutische Industrie versucht uns weiszumachen, dass wir nichts als "Roboter" oder "Maschinen" sind. Wenn nur ein Ölwechsel gemacht wird, läuft die Maschine wieder rund und alles ist scheinbar in Butter. Das Öl ist in diesem Vergleich natürlich die richtige Pille ... Und schon befinden wir uns auf dem absteigenden Ast. Wir begeben uns freiwillig in unser Gefängnis. Bei Licht betrachtet geben wir die Kontrolle auf. Wir stimmen damit überein, dass alles mechanisch erklärbar ist. Unsere Gesellschaft setzt auf Roboter und Automaten – auf Menschenroboter genauer gesagt. Der entsprechend gepolte Zeitgenosse glaubt, dass er alles – Simsalabim! – mit einer Pille lösen kann. Er glaubt an die "Pille" wie an eine Religion. Eine Pille oder ein Pülverchen heilt angeblich alles. Und so schluckt er die gefährlichsten Drogen oder Medikamente, die teilweise schädliche Nebenwirkungen nach sich ziehen. Auf diese Weise vergiftet er sich systematisch selbst, nicht nur in körperlicher Hinsicht, sondern auch geistig. Gleichzeitig verstärken sich seine negativen Gefühle, die als eine Art Schwingung interpretiert werden könnten. Diese strahlen in der Folge auch auf andere aus, auf die Mitmenschen. Aber genau das, was man aussendet, strömt auf die eigene Person zurück. Und so schädigt er sich gleich zweimal.

Wir müssen also eine neue Welt erschaffen. Wir brauchen einen völlig neuen Ausgangspunkt und eine neue Vision. Mir schwebt eine Welt ohne Pillen und Pülverchen vor, ohne Konditionierung und Programme. Wäre es nicht schön, wenn wir uns alle ganz einfach ehrlich und ohne Hintergedanken wechselseitig helfen und unterstützen würden? Das könnte sich sowohl auf den eigenen Hund beziehen als auch auf die Familie, die Nachbarschaft, ja die ganze Nation - nicht anders als es Pythagoras einst forderte und sich erträumte. In dieser neuen Welt gäbe es ein enges Freundschaftsband zwischen Hund und Hundebesitzer. Warum nicht?

Aber oft wird uns sogar bereits das Träumen verboten. Halten wir deshalb seufzend inne und kehren wir vom Himmel wieder zurück auf die Erde. Zitieren wir noch einmal einige Beispiele, um die Theorie noch weiter durch die Praxis zu untermauern.

GOLDEN RETRIEVER DINA

Im vergangenen Jahr suchte eine junge Frau Rat bei mir, deren Hund Dina, ein dreijähriger Golden Retriever, nicht stubenrein war. Nennen wir die junge Frau der Einfachheit halber B. Dina verrichtete das große und kleine Geschäft stets in der Wohnung. Was tun? B. hatte sich alle möglichen und unmöglichen Bücher über das Thema einverleibt. Sie hatte Hundetrainer zurate gezogen, mit verschiedenen Futterarten experimentiert und sich Hilfe bei einer Ernährungsberaterin geholt. Das Ergebnis: Nada, niente, nichts. Selbst zu einem Tierarzt hatte B. den Golden Retriever verfrachtet. Aber Dina war kerngesund. Und so landeten B. und Dina schließlich bei mir.

Ich stellte nur Fragen und hörte zu. B. erzählte, dass sie noch zu Hause bei ihrer Mutter wohne, denn das sei für sie eine gute Lösung. Auf diese Weise könne sie einerseits die Miete sparen und andererseits ihrer Mutter Gesellschaft leisten, die ansonsten "allein" und "einsam" wäre.

B. öffnete sich mehr und mehr. Mich interessierten die Details. Nach einer Weile berichtete sie mir, dass sie jüngst ein Konzert hatte besuchen wollen, aber zu einer anderen Meinung bekehrt worden war. Durch wen? Durch ihre eigenen Überlegungen. Stattdessen hatte sie zu Hause im TV einen Film mit ihrer Mutter angesehen. Dina hatte in genau dieser Zeit in der Küche ihre "Spuren" hinterlassen. Während B. erzählte, fiel es ihr auf einmal wie Schuppen von den Augen. Dina urinierte oder kotete jedes Mal dann in die Wohnung, wenn ***sie selbst*** dachte: "Scheiß-Wohnung. Ich ziehe aus!" Man vergebe mir die Gossensprache, aber sie ist in diesem Zusammenhang ebenso angebracht wie enthüllend.

Die Erkenntnisse purzelten nur so auf B. nieder. Lediglich Schuldgefühle gegenüber ihrer Mutter, die sie nicht allein lassen wollte, hielten sie zu Hause. In ihrem Unterbewusstsein hatte sie den Glaubenssatz abgespeichert, dass eine Tochter nur dann ein "gutes Mädchen" ist, wenn es schön brav für seine Mutter sorgt und sie über alles stellt.

In der Folge ging es Schlag auf Schlag. B. entschied, von ihrem Hund zu lernen. Sie beschloss, zunächst bei ihrer Mutter wohnen zu bleiben. Aber sie lernte, für sich selbst einzustehen und im Falle eines Falles ***nein*** zu sagen. Sie gestattete es sich, ihre Gefühle und

Bedürfnisse wahrzunehmen und sie nicht beiseitezuschieben. Ihr Hund diente ihr als Lügendetektor. B. fand heraus, dass Dina sich tatsächlich dann nicht "stubenrein" verhielt, wenn sie sich verleugnete. Auf diese Art lernte sie mehr und mehr über sich selbst. Schließlich fand sie sogar heraus, dass sie "eigentlich" schon immer hatte Polizistin werden wollen. Nach wie vor war das ihr brennender Wunsch. Aber ihre Eltern hatten diesen Beruf für ein "kleines Mädchen unpassend" gefunden.

B. staunte nur noch. Sie gewann an "Stärke" und Persönlichkeit. Endlich entschloss sie sich, vollständig "sie selbst" zu sein und zu ihren Wünschen und Vorstellungen zu stehen. Sie trat aus dem Schatten ihrer Eltern heraus, die sie, wie auch einige "Freunde", ständig in eine andere Richtung hatten drängen wollen. Das Ende der Geschichte? Kürzlich bestand B. die Aufnahmeprüfung für die Polizeischule. Sie ist auf dem besten Weg dazu, ihren Traum wahr zu machen.

Habe ich vergessen mitzuteilen, dass sie inzwischen ausgezogen ist und der Golden Retriever, Dina, stubenrein ist?

LABRADOR CHARLY

Im Jahre 2018 suchte mich einigermaßen verzweifelt eine Mutter auf, die sich mit einem Labrador namens Charly herumschlug. Nennen wir sie C. Als Erstes betrachtete ich aufmerksam das Paar. Die "Fehler" waren offensichtlich. Charly zog ungeduldig an der Leine, er betrachtete nervös die Umgebung und scherte sich keinen Deut um sein Frauchen. Sie schien Luft für ihn zu sein. C. wagte es nicht, ihn von der Leine zu lassen. Sie berichtete mir, dass Charly stets für Chaos sorge, speziell wenn sie nach Hause kam. Sein Gebaren war eigenartig. Er nahm alles, was greifbar war, ins Maul und schleppte Schuhe, Zeitung, Jacken und Taschen durch das Haus und legte alles auf einen Haufen in eine Ecke.

Auch C. hatte zahlreiche "Hundeexperten" um Rat gefragt, die sich jedoch das Verhalten nicht erklären konnten. Alle Tipps und Tricks halfen nicht. Ich stellte nur einige Fragen. Schon kurze Zeit später sah C., wo der Hase im Pfeffer lag, die Lösung bot sich förmlich an. Sie erkannte nach einer Weile, dass Charly sie nur spiegelte. Auch sie selbst wurde ständig "an der Leine geführt", sie steckte voller Ängste und trippelte gewissermaßen auf Zehenspitzen durch das Leben. Übertrieben ausgedrückt: Sie hoffte, es auf diese Weise einigermaßen unbehelligt bis zu ihrem Tod zu "schaffen".

Ich fragte sie, ob es für sie vorstellbar wäre, dieser Art von "Leben" ade zu sagen. Und ob sie nicht einfach einmal gerne tanzen gehen würde?

Sie stimmte zu, begriff aber anfangs die Tragweite meiner Frage nicht. Doch endlich sprudelte es nur so aus ihr heraus. Sie fühlte sich weder zu Hause wohl noch war sie mit sich selbst im Reinen. Langsam begann sie, ehrlich gegenüber sich selbst zu werden. Sie fing an, sich Dinge einzugestehen, an die sie früher nicht einmal im Traum zu denken gewagt hätte. Charly spiegelte sie selbst. Ihr Hund zeigte ihr glasklar: Bring endlich Ordnung in dein Leben. Er räumte auf und legte alles fein säuberlich auf einen Haufen.

Die Erkenntnisse prasselten ab einem bestimmten Zeitpunkt nur so auf C. nieder. Sie sah auf einmal, dass sie sich in einer entsetzlichen Zwangsjacke befand. Alle "erwarteten" etwas von ihr - ihr Mann, ihre Kinder, ihre Eltern und ihre Freunde. Darüber hatte sie sich selbst vergessen. Sie wusste nicht wirklich, was sie eigentlich wollte und was ihre eigenen Ziele waren. Sie war gewissermaßen Luft für sich selbst.

Und so spiegelte Charly auch dieses Selbstverständnis nur wieder. Auch für den Hund war sie "Luft". Charly zeigte ihr nur, was er wahrnahm.

C. weinte, als sie realisierte, dass sie sich in einen unvorstellbaren Umfang von ihren Eltern und ihrer Umgebung hatte formen, "erziehen", programmieren und kleinhalten lassen. Außerdem sah sie ein, dass von ihr genau eben diese Methoden an andere weitergegeben wurden. Sie hatte versucht, die eigenen Kinder und Charly zu programmieren. Sie hatte sie ebenfalls "misshandelt", das heißt abzurichten versucht, weil sie selbst nicht anders "erzogen" worden war. Sie lebte selbst diese hinderlichen "Programme", die sie seit ihrer Kindheit aufgezeichnet hatte, und gab sie unreflektiert an ihre Umgebung weiter. Das heißt, sie drängte ihre Erwartungen anderen auf, ihren Kindern und ihrem Hund. Sie bewertete, lobte und strafte, so wie es ihr eingetrichtert worden war.

Es erforderte eine Menge Mut, diesen Tatsachen ins Auge zu blicken. Doch schließlich entschied sie sich, von Charly zu lernen. C. verabschiedete sich von der Idee, ihren Hund oder ihre Kinder, ja überhaupt andere Menschen, "erziehen" oder "trainieren" zu wollen.

Ein Dreivierteljahr später war sie wie neu geboren. Das Thema "Ungehorsam" gehört ... der Vergangenheit an. Und wenn sie manchmal, wenn auch selten, in ihre alten "Programme" zurückfiel, zeigte ihr Charly erneut auf, was sie tat. Er spiegelte sie 1:1 wieder. Ihre Kinder umschwärmen sie mittlerweile regelrecht, sie umflattern sie wie Motten das Licht. Alle fühlen sich wohl in ihrer Nähe.

Als ich C. das letzte Mal sah, strahlte sie mich an und meinte: "Elisa, nur damit du Bescheid weißt: Ich war kürzlich tanzen!"

Ich lachte und erwiderte: "Das ist erst der Anfang, meine Liebe!"

6.

AUSSERGEWÖHNLICHE FÄHIGKEITEN

Begeben wir uns weiter auf Forschungsreise. Von Bedeutung ist auch, sich zu fragen, welche Talente Tiere tatsächlich besitzen. Über welche Fähigkeiten verfügen sie? Wie verhalten und bewegen sich Tiere und speziell Hunde in der freien Natur? Wie überleben Pflanzen? Und über welche außerordentlichen Fähigkeiten verfügt umgekehrt der Mensch – Begabungen, die Hunde und Pflanzen eben nicht besitzen?

Wie verhalten sich Hunde, wenn sie auf einen Menschen treffen und mit einem Menschen eine "Beziehung" eingehen? Was passiert hier eigentlich genau? Wie treten sie miteinander in Verbindung, wie kommunizieren sie?

Fragen über Fragen. Betrachten wir zunächst die Tierwelt.

FÄHIGKEITEN, DIE NACHDENKLICH STIMMEN

Bei Licht betrachtet steht die Forschung erst ganz am Anfang, was die Untersuchungen der Tierwelt angehen. Momentan kennen wir zwischen 1,5 und 1,75 Millionen Arten (Tiere und Pflanzen).

Tausende, ja manchmal Zehntausende Tierarten werden ***jedes Jahr*** neu entdeckt. Wir kennen also nur einen verschwindend geringen Teil der existierenden Tierarten, und selbst der Teil, den wir zu kennen glauben, ist oft nicht einmal ansatzweise erforscht.

Auch viele Fähigkeiten der Tiere sind nach wie vor unbekannt. Immerhin werden wir uns zunehmend bewusst, dass verschiedene Tierarten über die unglaublichsten Talente und völlig unterschiedliche Ausdrucksarten ("Sprachen") verfügen. Fische beispielsweise haben oft außergewöhnliche Fähigkeiten. Ein Tapirfisch zum Beispiel, der zu den Nilhechten zählt, besitzt einen Schwanz, in dem vier Muskelstränge eine elektrische Spannung und ein elektrisches Feld erzeugen. Weiter verfügt er über spezielle Sinneszellen, mit denen er das von ihm selbst erzeugte elektrische Feld spüren oder wahrnehmen kann. Er verfügt also über eine Art ***Elektrosinn***, wie man das nennen könnte. Damit kann er sich leichter auf seine Umwelt einstellen und sie wahrnehmen. Einige Gegenstände oder Tiere in seiner Nähe verfügen selbst über elektrische Felder, woraufhin sich sein eigenes elektrisches Feld verändert. Und schon "weiß er Bescheid", was um ihn herum vorgeht. Auch das Magnetfeld der Erde spürt der Tapirfisch und orientiert sich daran. Mit seinem eigenen elektrischen Feld kennzeichnet und markiert er seinen Einflussbereich, er definiert damit sein Revier[1], nicht anders als ein Hund, ein Löwe oder ein anderes Raubtier mittels Urin seinen "Raum" kennzeichnet, sodass Konkurrenten gewarnt sind oder Sexualpartner auf ihn aufmerksam werden.

Der Zitteraal verfügt sogar über die ausgesprochene Fähigkeit, mit Elektrizität umzugehen. Er kann Stromstöße bis zu 800 Volt austeilen und damit sogar andere Fische töten.

Die Natur bietet die unglaublichsten Beispiele für besondere Talente. Wir kennen plastikfressende Raupen und lassoschwingende Spinnen. Delfine sind als die intelligentesten Meeresstiere bekannt. Sie können untereinander kommunizieren, unterstützen sich wechselseitig und verfügen über ungewöhnliche Jagdstrategien. So stoßen sie beispielsweise Luftblasen aus, die Beutefischen die Sicht nehmen und sie an der Flucht hindern.

Wir kennen inzwischen Elefanten, die mit dem Rüssel einen Pinsel halten und malen können, und wir kennen Raben, die andere für sich Nüsse knacken lassen. Verschiedene Raben, die in Tokio gefilmt wurden, warfen Nüsse, deren Schalen schwer zu öffnen waren, auf die Straße auf einen Fußgängerüberweg. Autos, die in der Folge darüberfuhren, knackten die Nüsse. Daraufhin warteten die Raben am Straßenrand, bis die Ampel auf grün für die Fußgänger schaltete und die Autos vor der roten Ampel anhielten. Dann flogen sie zu den geknackten Nüssen und verzehrten sie genussvoll.

DIE FÄHIGKEITEN DES OKTOPUS

Nehmen wir erneut ein anderes Tier unter die Lupe, aber betrachten wir es nun einmal sehr genau. Denn je intensiver wir uns mit einer Tierart befassen, um so mehr entdecken wir, selbst wenn der Mensch manchmal Tausende von Jahren offenbar nichts bemerkte.

Unglaublich faszinierend ist beispielsweise der Tintenfisch oder der Oktopus. Die Oktopusse zählen zur Familie der Kraken. Der Oktopus zeichnet sich durch eine Eigenschaft aus, um die ihn viele Menschen beneiden: Er kann sich blitzschnell auf Veränderungen einstellen. Zur Veränderung gehören Lernfähigkeit und Intelligenz, Eigenschaften, die dem Oktopus wie kaum einem anderen Tier zu Eigen sind. Er verfügt sogar über so etwas wie ein Gedächtnis.

Die Intelligenz der Kraken wurde nebenbei schon im Altertum von Aristoteles und Plinius dem Älteren gewürdigt - einem römischen Gelehrten, der von etwa 23 bis 79 n. Chr. lebte.

Beispielsweise benutzen Oktopusse zum Öffnen von Muschelschalen Steine als Werkzeug. Weiter ist unzweifelhaft bewiesen, dass sie komplett verschlossene Dosen oder Flaschen öffnen können.

Tatsächlich ist das Gedächtnis der Kraken erstaunlich. In einem Test zeigte man einem Oktopus einen roten Ball und einen weißen Ball und damit im Zusammenhang zugleich einen bestimmten Fisch. Er erhielt den Fisch jedoch nur, wenn er den roten Ball berührte und den weißen Ball ignorierte. Tatsächlich "lernte" der Oktopus schnell. Aber noch aufregender war der Umstand, dass Artgenossen, die dieses Experiment durch eine Glaswand beobachteten, ebenfalls lernten. Als sie selbst der Entscheidung gegenüberstanden, zwischen einem roten und einem weißen Ball zu wählen, entschieden sie sich sofort für den roten Ball.[2] Grundsätzlich können Oktopusse allein durch Beobachtung ihrer Artgenossen lernen, eine Fähigkeit, die bislang nur Säugetieren und Vögeln zugestanden wurde.

Die Veränderungsfähigkeit des Oktopus wird auch durch bestimmte Leuchtorgane bewiesen. Durch bestimmte Farben kann das Tier einen Partner finden, Feinde abschrecken und sie in die Irre führen. Weiter locken bestimmte Farben, zu denen zumindest einige Arten fähig sind, aller Wahrscheinlichkeit auch verschiedene Tiere an, die dann zur Beute dienen.[3]

Es gibt einige wenige Sorten, die schier unbegrenzt anpassungsfähig sind. Genau diese Eigenschaft befähigt die vielarmige Kreatur, manchmal schier eins zu werden mit ihrer Umgebung, ein Phänomen, das man erlebt und gesehen haben muss, um es zu glauben. Der Oktopus kann so von einem Moment auf den anderen wie der Meeresboden aussehen, wie ein Stein oder wie ein mit Algen bewachsener Felsbrocken. Er *wird* seine Umgebung. Kein Tier, vom Chamäleon abgesehen, verfügt über eine größere Fähigkeit, mit seiner Umwelt zu verschmelzen. Es ist in der Folge fast nicht mehr zu erkennen, dass es sich um ein eigenständiges Wesen handelt: Andere Fische glauben, das Tier *ist* die Umgebung. Der Oktopus steht in einer unvorstellbar engen und intensiven Kommunikation mit seiner Umwelt.

Der Begriff "Tintenfisch" ist nebenbei bemerkt irreführend, denn der Oktopus ist kein Fisch. Er ist eigentlich eine "Tintenschnecke". Immerhin verweist der Begriff auf das Thema "Tinte", eine braune Drüsensubstanz, mit deren Hilfe sich die "Tintenfische" bei Gefahr umnebeln; durch die entstehende Wolke können sie dann fliehen. Bei einigen Arten des Oktopus wird diese Tinte so geschickt ausgestoßen, dass sie sogar die eigenen Umrisse nachahmt. Man stelle sich einen Angreifer vor, der plötzlich *zwei* Gestalten verschwommen vor sich sieht. Der Angreifer stürzt sich in der Folge auf das Phantom, auf die Tintengestalt. Er stürzt sich auf ein Trugbild, während der Oktopus selbst entkommt.

Auch der Körperbau ist einzigartig. Der Oktopus ist das einzige Tier mit drei Herzen, und durch drei Herzen wird die Durchblutung aller Organe optimal gesichert. Man vergleiche das mit dem Menschen, dieser armseligen Kreatur, die mit einem einzigen Herzen auskommen muss.

Muscheln werden von dem Oktopus vorher geknackt, bevor sie verzehrt werden. Sie werden sauber ausgeschlürft und dann fallen gelassen.

Selbst starke und widerstandsfähige Tiere werden von dem Oktopus überwältigt, wie große Langusten oder Hummer und zum Teil wehrhafte Fische. Man fand sogar Spuren, die darauf hinwiesen, dass sich riesige Oktopusse mit kleinen Walen anlegten.[4]

Der Oktopus kann weiter Tentakeln abtrennen und abgetrennte Tentakeln bei sich selbst nachwachsen lassen. Wenn ein Fangarm fehlt, jagt er auf andere Weise. Die Regeneration ganzer Körperteile stellt also kein Problem für das Tier dar.

Auch die Struktur seiner Haut vermag er zu ändern, wenn es denn nötig ist, sie kann runzlig, gebeult und stachelig aussehen, wie es die Situation erfordert.

Da die Oktopusse keine Knochen haben, sind sie hochflexibel und passen auch durch kleinste Öffnungen. Die meisten Kraken bewegen sich mit ihren Armen fort, sowohl im Wasser als auch außerhalb davon. Kraken besitzen übrigens einen Lieblingsarm, den sie häufiger benutzen als andere Arme.

Besonders bewundert wurde immer wieder das hochentwickelte Nervensystem der Kraken. Die Arme und die Saugnäpfe sind über und über mit Nerven und Ganglien durchzogen und können sich unabhängig vom Gehirn bewegen.

Weiter kann das Tier vorwärts, rückwärts, zur Seite vorwärts oder zur Seite rückwärts schwimmen, von Drehbewegungen ganz abgesehen. Es ist enorm beweglich und kann sich in fast alle Richtungen krümmen. Auch die Geschwindigkeit ist erstaunlich.

Da er Kopf und Arme ganz in eine Mantelhöhle zurückziehen kann, entgeht der Krake so manchem Feind, der mit dem glatten Äußeren nichts anzufangen weiß.

Um es abzukürzen: Oktopusse verfügen über Fähigkeiten, die bis heute kaum vollständig ausgelotet worden sind und uns verraten, dass wir noch sehr viel über das Tierreich lernen müssen. Und dabei handelt es sich hier nur um *eine einzige* Tierart unter 1,5 oder 1,75 Millionen anderen Arten.

DIE FÄHIGKEITEN DER HUNDE

Die wahren Talente der Hunde hat man meines Erachtens ebenfalls noch nicht vollständig entdeckt. Hunde sind in erster Linie bekannt dafür, dass sie über ein ausgezeichnetes Riechorgan verfügen, das der menschlichen Nase tausendfach überlegen ist.

Außerdem verfügen sie über eine überragende Intelligenz. Manchmal scheint ein Hund jedes Wort zu verstehen, das wir zu ihm sagen. Er reagiert darüber hinaus auf unsere Emotionen und Gefühle in einzigartiger Weise. Er freut sich, wenn wir uns freuen, und tröstet uns, wenn wir traurig sind, indem er vielleicht seinen Kopf zutraulich auf unseren Schoß legt. Ein Hund ist hochsensibel, auch was die Gefühle des Menschen angeht.

Selbst der Sprachschatz, der Menschen-Sprachschatz mancher Hunde, ist erstaunlich, mitunter übersteigt er selbst den Sprachschatz trainierter Affen. Weiter ist der Hund so lernfähig wie kaum ein zweites Tier. Er verfügt zudem über ein Gedächtnis, denn er kann frühere Erfahrungen dazu nutzen, um sein Verhalten zu ändern. Es gibt Hunde, die über ein "Vokabular" von 200 Wörtern verfügen, die er spezifischen Gegenständen zuordnen kann. Hunde können sich sogar an "Worte" erinnern, die Menschen äußern. Kurz gesagt etablierten Wissenschaftler dies ohne Wenn und Aber: "Hunde (können) die menschliche Sprache erstaunlich gut verstehen."

Hunde lernen durch Nachahmung und Beobachtung. Sie lernen selbst aus Fehlern. Hunde können darüber hinaus die Ziele und Absichten anderer Tiere und Menschen erraten, noch ***bevor*** sie ausgesprochen wurden. Diese Tatsache ist unvorstellbar aufregend. Hunde können also bereits auf eine ***Absicht*** reagieren. Noch bevor ein Wort ausgesprochen worden ist, begreifen sie manchmal, was gesagt werden wird. Meiner Ansicht nach deutet das darauf hin, dass Hunde "telepathisch" begabt sind. Weiter reagieren

Hunde auf Gesten allein und auf Blicke. Sie beobachten so scharf wie ein Luchs. Der Augenkontakt ist besonders wichtig.[5]

Auch Hunde können elektrische und magnetische Felder wahrnehmen. Forscher der Universität Duisburg-Essen fanden, gemeinsam mit Wissenschaftlern der Universität Prag in Tschechien, heraus, "dass sich ein Hund, wenn er das Bein hebt, vorzugsweise entlang der magnetischen Nord-Süd-Achse ausrichtet."[6] Eine Magnet-Wahrnehmung ist also mit Sicherheit vorhanden.

Hunde operieren zweifelsfrei mit einer Art Intuition. Sie können Gefahren oft scheinbar "voraussehen". Manchmal scheinen sie gewisse Ereignisse früher zu spüren als Menschen. Im Zweiten Weltkrieg konnten Hunde Angriffe von Flugzeugen oder Raketen genauer voraussagen als Menschen mit all ihren Spähern und technischen Geräten. Mitunter ahnen Hunde, wenn Frauchen oder Herrchen nach Hause kommt - noch bevor die Haustür knarrt oder Schritte zu hören sind. Einige Hunde jaulen, wenn ein Familienmitglied verunglückt.

All das deutet in Richtung Telepathie. Hunde spüren offenbar Energiefelder, sie können in dem Bewusstsein einer anderen Person "lesen". Vielleicht verfügen Hunde damit über weitaus mehr "Sprachen" als der Mensch, und möglicherweise müssen wir all die genannten Talente erst noch erlernen. Es mag sehr wohl sein, dass der Hund über "übernatürliche" Fähigkeiten verfügt, die bei näherer Betrachtung jedoch vollständig "natürlich" sind. Ich denke, wir nähern uns mehr und mehr der wahren Hundesprache ...

ANPASSUNGS- UND ÜBERLEBENSFÄHIGKEIT

Hunde - und überhaupt Tiere und Pflanzen - verfügen über eine enorme Fähigkeit, sich an ihre Umgebung anzupassen. Wo auch immer sie sich befinden, gleichgültig auf welchem Erdteil und in welchem Land, sie finden sich stets hervorragend zurecht. Wenn ein Hund sich in "Freiheit" befindet, überlebt er ohne den Menschen an seiner Seite bestens. Der Hund braucht den Menschen nicht. Es handelt sich um eigenständige Wesen mit ihren eigenen Überlebensmechanismen, die manchmal so raffiniert, so ausgekocht und so intelligent sind, dass man nur staunen kann.

Der ***Fenek*** beispielsweise, ein kleiner Wüstenfuchs mit riesigen Ohren, überlebt deshalb selbst in heißesten Zonen, weil seine Lauscher auch zur Abkühlung dienen, sie leiten die Wärme schneller ab. Die Pfoten des Fuchses sind sogar an den Sohlen behaart. Das schützt das Tier vor dem heißen Wüstensand.

Das ***Dromedar*** besitzt im Gegensatz zum Kamel nur einen Höcker, worin sich eine Unmenge Fett befindet. Aus dem gespeicherten Fett entnimmt das Tier Nahrung, Wasser und Energie für den ganzen Körper. Die zweigeteilten Zehen und das Horn an der Unterseite der Füße stellen sicher, dass sich das Dromedar auch auf sandigem Boden mühelos fortbewegen kann, ohne dass es einsinkt. Hilfreich ist ferner der Umstand, dass es sich von dornigen und salzigen Pflanzen ernähren kann.

Und so könnte man Seite um Seite füllen. Aber der springende Punkt ist der Umstand, dass Tiere zum Überleben den Menschen nicht brauchen. Es gibt buchstäblich Hunderte, vielleicht Tausende von exotischen Überlebenstechniken, die dem Menschen versagt sind. Der Hund kann sich darüber hinaus perfekt orientieren. Er verfügt über einen Ortssinn, um den wir das Tier nur beneiden können. Der Mensch dagegen ist leicht orientierungslos.

Er benötigt alle möglichen technischen Geräte, um seinen Standort zu bestimmen und die Örtlichkeit, die er erreichen möchte.

DIE FÄHIGKEITEN DES MENSCHEN

Aber in einer Beziehung ist der Mensch dem Tier weit überlegen: Der Mensch kann schneller und besser denken als alle anderen Lebewesen. Seine Intelligenz ist überragend. Er kann kombinieren und kreativ sein. Er vermag Dinge zu erfinden, die so vorher nicht existierten. Der Mensch ist insofern "gottgleich", als er etwas erschaffen kann - schier aus dem Nichts. Er kann Tausende von Faktoren gegeneinander abwägen und sie zueinander in völlig neue Beziehungen bringen. Er stellt Experimente an, kann neue Wege beschreiten und muss nicht sklavisch alten "Programmen" folgen. Der Mensch kann seine Verhaltensweise ändern. Er ist fähig, seine Umwelt zu gestalten, sodass sie sich nach ***ihm*** ausrichtet - nicht umgekehrt. Er kann in Hochgeschwindigkeit lernen.

Der Mensch verfügt über ein ausgeprägtes "Bewusstsein", das sich vollständig von dem des Tieres unterscheidet. Wir können Entscheidungen treffen. Der Hund verfügt dagegen über "Instinkt".

DIE KOMBINATION: MENSCH UND HUND

Bei all seinen unglaublichen Begabungen, über die der Hund verfügt, weiß er dennoch "instinktiv", dass der Mensch zu einer höher entwickelten Spezies gehört. Dieser Instinkt gebietet es ihm, sich auf das Bewusstsein und die Schwingungen des Halters einzustellen. Er übernimmt diese Schwingungen und gehorcht ihnen, er bildet sie ab und spiegelt sie. Das aber bedeutet auch, dass ein Mensch, der konfus ist, über einen Hund verfügen wird, der ebenfalls ziellos hin- und herspringt und eigenartig nervös ist. Ein Mensch, der voller Ängste steckt, wird einen Hund besitzen, der extrem unruhig ist, Furcht empfindet und überängstlich auf alle möglichen Situationen und Geräusche reagiert.

Das Verhalten des Hundes ändert sich in dem Augenblick, wenn sich der Mensch ändert. Da er möglicherweise auf telepathische Art und Weise kommuniziert und jedenfalls Schwingungen aufnimmt, kopiert er einfach den Halter. Tritt der Hundebesitzer daher selbstsicher auf und *ist* er selbstsicher, das heißt schauspielert er es nicht nur, ahmt ihn der Hund nach, er ordnet sich seinem "Führer" sofort unter. Ist ein Mensch jedoch ein unsicherer Zeitgenosse, der nicht weiß, was er will, so verhält sich auch sein Hund nicht anders. Ist der Hundebesitzer aggressiv und voller Wut, insgeheim oder offen, so wird sein Hund ständig bellen und vielleicht sogar beißen. Wenn der Halter dagegen Liebe ausströmt, so wird auch dieses Gefühl einfach kopiert.

Dieses Verhalten ist offensichtlich, und dennoch übersieht es die ganze Welt. Praktisch alle "Experten" innerhalb der Hundeszene wissen nicht um diesen Umstand - zumindest handeln sie nicht danach. Das aber bedeutet: Wenn ein Halter das Verhalten seines Hundes verändern will, muss er sich selbst verändern. Der Hund ist lediglich eine Kopie unserer eigenen Einstellungen und Verhaltensweisen. Der Hund ist ein Genie darin, den Menschen nachzuahmen. Wenn ein Hundehalter also Vertrauen und Selbstvertrauen ausstrahlt, wird sich das auf den Hund übertragen. Wenn der Hundebesitzer klar führt und völlig eindeutig in seinen Gesten und Bewegungen ist, wird er über ein Tier verfügen, das ebenfalls leicht zu kontrollieren ist, im guten Sinne.

Der Hund ist ein Abbild unserer eigenen Gedanken, Vorstellungen und Haltungen. Es ist im Grunde genommen gleichgültig, ob wir davon ausgehen, dass der Hund seinem Instinkt folgt, dass er "Gedanken liest", telepathisch begabt ist oder über übernatürliche Fähigkeiten verfügt - obwohl das Thema hochspannend ist und sicherlich weiterer Forschung bedarf. Aber eigentlich sind das alles nur Worte, und Worte sind Schall und Rauch. Weitaus wichtiger sind die wahren Haltungen, Gedanken und Vorstellungen des Menschen. Darin besteht seine wirkliche "Power" und "Macht".

Wir können unser eigenes Leben durch Gedanken und Beschlüsse allein ändern, und wir können damit Einfluss auf das Verhalten unseres geliebten Vierbeiners nehmen.

Genau dieser Punkt wird in allen "Hundeschulen" übersehen. Jeder Hundetrainer richtet das Tier nur ab. Selten geschieht das mit Liebe. Und so erhält man ein Tier, das aggressiv und voller Ängste ist.

Wenn wir verstanden haben, dass der Hund uns nur spiegelt und nachahmt, haben wir die halbe Welt des Hundes verstanden. Damit sind wir einem der größten Geheimnisse auf der Spur, was das "Zusammenleben" von Mensch und Hund betrifft. Aber es gibt noch mehr ...

7.

DAS GEHEIMNIS ECHTER LEADERSHIP

Die letzten Anmerkungen leiten direkt zu dem vorliegenden Kapitel über, denn unversehens sehen wir uns mit dem Thema "Leadership" konfrontiert. Es ist bei Licht betrachtet begeisternd, dass wir einem so brisanten Thema plötzlich ganz anderes zu Leibe rücken können als zuvor, speziell angesichts der Tatsache, dass sich so viele "Managementschulen" darum bemühen, zu definieren und zu etablieren, wodurch sich "Leadership" eigentlich auszeichnet. Kurz gesagt werden auf den folgenden Seiten diese Fragen beantwortet:

- Auf welche Weise avanciert eine Person überhaupt zum "Leader" und zur Leitfigur?
- Wie verhält sich ein Leader oder eine Führungspersönlichkeit?
- Gibt es so etwas wie ungeschriebene "Gesetze der Führung"?

Zunächst sollte man sich erneut die Umkehrung des Verhältnisses Mensch-Hund vor Augen halten: Der ***Mensch*** muss sich ändern, wenn er den Hund zu einem echten "Gefolgsmann" erziehen möchte, der aus Liebe "gehorcht". Wenn man diese

Prämisse akzeptiert hat, wenn man also weiß, dass es der ***Leader*** ist, der sich ändern muss, so sind die Perspektiven tatsächlich atemnehmend. Eine Person kann sich in der Folge tatsächlich von einem mit Unsicherheiten behafteten, fremdgesteuerten "Menschenroboter" zu einer Führungspersönlichkeit entwickeln.

Aber wie, verflixt, soll diese Wandlung vor sich gehen? Zugegeben, die Perspektive ist bei Licht betrachtet aufregend, speziell wenn man bedenkt, dass man nicht einmal ein "Fachmann" oder ein "Experte" in Sachen "Führung" sein muss. Aber fragen wir erneut: WIE gelingt dieser Husarenstreich?

EIGENSCHAFTEN EINES NATÜRLICHEN LEADERS

Gönnen wir uns noch einige zusätzliche Anmerkungen, was den wahren Leader auszeichnet, selbst wenn ich mich teilweise wiederhole, aber es ist zu wichtig. Was also zeichnet einen echten Leader aus? Nun, ein echter Leader "formt" seinen Hund nicht, er richtet ihn nicht ab. Ein "natürlicher Leader" versucht niemals, seinem Hund etwas überzustülpen. Er pfeift auf die "Schulung" des Hundes, er bemüht sich keine Sekunde lang, ein Tier zu "dominieren". Er betrachtet den Hund nicht als ein Spielzeug, das man nur reparieren muss.

Ein echter Leader ist nie in einer "Opferrolle", er verachtet ein solches Spiel. Er schiebt Verantwortung nicht ab. Er gesteht sich selbst Macht und Eigenverantwortung zu. Er erschafft Dinge. Er geht seinen eigenen Weg. Ihn interessiert nicht im Geringsten die Masse. Sein Motto lautet: "Never follow the crowd" (***Folge niemals der Masse)*** - was nebenbei bemerkt eine uralte Erfolgsformel ist. Er beschreitet völlig unbetretene Pfade und folgt seinen Einsichten.

Er poliert seine eigenen Fähigkeiten auf und arbeitet an sich selbst. Er verzichtet darauf, den Hund zu "dressieren". Er nutzt "Fehler", die auftreten, um bei sich ***selbst*** aufzuräumen.

Tatsächlich könnten viele Menschen zu einem natürlichen Leader aufsteigen, sofern sie alte "Programmierungen" über Bord werfen würden. Ein Leader arbeitet daran, neue Talente zu entdecken, die in ihm schlummern. Ein Leader ist darüber hinaus weitaus mutiger als der Durchschnitt. Mut ist die Eigenschaft eines natürlichen Leaders. Weiter ist eine bewusste Entscheidung notwendig, um zu einem Leader aufzusteigen. Ein Leader trifft Entschlüsse rasch. Und er bleibt bei seinen Entscheidungen.

Wenn ein Hund einem Menschen nicht folgt, so handelt es sich bei diesem Menschen um keinen Leader - was nur bedeutet, dass eben dieser Mensch ***an sich selbst*** arbeiten muss.

Auch die eigene Haltung beschreibt den Leader. Einstellungen, selbst wenn sie nicht ausgesprochen werden, kommunizieren auf einer unterbewussten oder unbewussten Ebene.

Ein Leader zwingt einen Hund nicht, bei ihm zu bleiben. Er übt keinerlei Druck auf Tiere oder Menschen aus oder versucht, sie mit Boni oder Leckerchen zu locken. Er verachtet Manipulation. Ein Leader arbeitet nicht mit Belohnungs- und Bestrafungssystemen. Er verabschiedet sich von dieser Art von "Psychologie". Hunde und Menschen gleichermaßen bleiben gerne bei einer Person, in deren Nähe sie sich wohlfühlen. Hunde laufen nicht weg, wenn sie gut behandelt werden. Auch Menschen fühlen sich dort am wohlsten, wo sie nicht gegängelt, kontrolliert und "erzogen" werden.

Und so sehen wir erneut, dass alles bei uns selbst beginnt.

NOCH EINMAL: MEIN WEG

Inspiriert durch meinen Hund entwickelte auch ich mich zu einem Leader, während ich zuvor weiß Gott nicht vor mentaler Stärke und Selbstsicherheit strotzte. Dabei war ich lediglich bereit, zu beobachten und zuzulassen, das Augenmerk auf ***mich selbst*** zu richten. Zuvor hatte ich mich gefragt, befangen in der "alten Welt", beladen und vollgestopft mit verrotteten "Programmen", wie ich meinen Hund "erziehen", konditionieren und dressieren könnte. Mehr oder weniger verzweifelt versuchte ich ehemals, meinen Hund so zu formen, damit er in meine Welt passte. Genau das aber war die falsche Ausgangsbasis. Das Ergebnis waren Chaos, Misserfolg und Frustration.

Heute frage ich mich, wie mir mein Hund zeigen kann, wo und an welcher Stelle *ich* mich verbessern kann? Was kann ich von ihm lernen? Wie ist es möglich, mein volles Potenzial zu entfalten? Auf welche Weise kann ich meinem Hund in optimaler Weise als Leader dienen?

Nur nebenbei bemerkt: Ich verwende den Ausdruck *Leader* aus zwei Gründen: Zum einen ist er in der US-amerikanischen Managementliteratur und teilweise auch in den japanischen und deutschen Standardwerken inzwischen mehr als akzeptiert. Zum zweiten erinnert der Alternativausdruck "Führer" zu sehr an eine bestimmte Vergangenheit, die sich zwischen 1933 und 1945 in Deutschland abspielte. Man gestatte mir also diesen kleinen Anglizismus und den Gebrauch der Vokabel *Leader*.

Aber zurück zum Text: Durch die Umkehrung der Fragestellung sah ich auf einmal, dass ich einen Weg beschritt, der in eine völlig neue Richtung führte. Plötzlich gab es Hinweisschilder, Abkürzungswege und Schnellstraßen, wie man zu einem *Leader* werden konnte. Was war der neue Ausgangspunkt, die Basis?

DIE NATUR

Der Ausgangspunkt war die Natur selbst. Die Natur? Worum handelt es sich eigentlich bei diesem Begriff? Befragen wir einige der klügsten und brillantesten Gehirne der Weltgeschichte. Zahlreiche Philosophen versuchten ehemals, eben diese "Natur" zu ergründen, wie etwa die alten griechischen Denker und ehrwürdigen römischen Schriftsteller, aber auch französische, deutsche und englische Autoren. Einige Philosophen bezeichneten die gesamte Existenz als "Natur". Alles, was es gab, war für sie "Natur".

Wir brauchen nicht so tief zu graben. Aber immerhin ist dies höchst bemerkenswert: Wenn man die "Natur" in diesem Sinne betrachtet, so erkennt man relativ rasch, dass sie bemerkenswert "neutral" oder "objektiv" ist. Damit will ich zum Ausdruck bringen, dass sowohl ein Regenwurm, ein Adler oder ein Hund seine Daseinsberechtigung besitzt. Alle verfügen sie über ihre eigene Welt, alle sind sie Teil der "Natur". Wenn man nun bereit ist, fremde Welten und ihre Subjekte unvoreingenommen zu beobachten, und willens ist, allen Kreaturen auf Augenhöhe zu begegnen, das heißt frei von jedem Überlegenheitswahn, verrät uns "die Natur" auf einmal erstaunlich viele Geheimnisse.

Man muss lediglich bereit sein, "hinzuschauen" und andere Welten, Tiere in unserem Fall, zu betrachten, ohne sogleich ein Urteil über sie zu fällen. Man muss weiter willens sein, darauf zu verzichten, sich arrogant *über* andere zu stellen. Man darf nicht zwanghaft in eine Wettbewerbsmentalität verfallen und glauben, man selbst oder der Mensch stehe automatisch im Mittelpunkt des Geschehens.

Spätestens als man im 17. und 18. Jahrhundert endgültig verstand, dass die Sonne sich nicht um die Erde dreht, sondern umgekehrt sich die Erde um die Sonne bewegt, als man sich nicht mehr zwanghaft in den Mittelpunkt des Weltgeschehens rückte, begann man langsam zu erahnen, dass der Mensch eben nicht das Maß aller Dinge ist. Ja, er war mit einer unvorstellbaren Intelligenz begabt und war so kreativ wie kein anderes Lebewesen. Aber die Erde war ein relativ unwichtiger Planet innerhalb eines relativ unwichtigen Sonnensystems, das am Rande einer beliebigen Galaxis lag. Nicht alles "drehte" sich um ihn, im buchstäblichen Sinne. Im Gegenteil. Der Mensch drehte sich auf einem unwichtigen Planeten um eine unwichtige Sonne. Selbst seine Sonne war kein besonders bedeutender Stern, in einem größeren Zusammenhang gedacht. In einer einzigen Galaxis existieren rund 100 Milliarden Sterne oder Sonnen, aber es gibt etwa 100 Milliarden Galaxien in diesem Universum. Insgesamt sprechen wir hier von rund 10 Trilliarden Sternen.

Pah, die Erde! Welch ein unwichtiger Tupfer auf der Palette der "Natur". Und "Leben"? Auch das Leben war und ist auf der Erde so einzigartig nicht. Man rechnet damit, spätestens im Jahre 2022 Planeten zu entdecken, deren physikalisch-chemische Beschaffenheit den Zuständen auf der Erde ähnelt. Längst wurden auf Meteoriten Spuren bakteriellen Lebens gefunden und auf Jupitermonden Wasser, Voraussetzung für Leben mithin. Aber mehr als ein Gedankenexperiment beweist, dass wir uns nicht einmal notwendigerweise in menschlich-biologischen Denkkategorien bewegen müssen. Denn wer sagt denn, dass es nicht vielleicht Organismen gibt, die ohne Sauerstoff und Wasserstoff auskommen und nicht giftiges Gas als Nahrung zu sich nehmen? Und wer sagt eigentlich, dass ein Wesen nur innerhalb eines Körpers überleben kann und dass es nicht ein Reich der Geister gibt?

Die vollständige Wahrheit ist, dass wir gänzlich am Anfang der unglaublichsten Entdeckungen stehen. Aber schon jetzt haben wir über einen Umstand vollständige Gewissheit: Der Mensch ist nicht das Zentrum des Universums, ja nicht einmal das Zentrum einer Galaxis. Und sein Planet, die Erde, ist nicht einmal das Zentrum eines einzigen, kleinen, unwichtigen Sonnensystems. Wir machen uns besser mit dem Gedanken vertraut, dass wir gut beraten sind, wenn wir eine gewisse Bescheidenheit an den Tag legen. Will heißen, wir sollten uns nicht automatisch über die "Natur" stellen und uns für das Nonplusultra aller Entwicklung halten.

DAS WUNDER HUND

Auch der Hund ist Teil dieser Natur. Es zeugt deshalb von Weisheit, wenn wir uns nicht hochmütig über ihn stellen, selbst wenn wir noch so kreativ, gescheit, belesen und klug sind. Wenn ich mich wie selbstverständlich über mein Gegenüber stelle, ***bewerte*** ich es. Wenn ich zu wissen glaube, was richtig und falsch für meinen Hund ist, in allen Belangen, verletze ich in gewissem Sinne die Gesetze der Natur, die zunächst einmal von einer gewissen "Objektivität" sind. Die "Natur" lässt alles gelten. Die Natur ist von einer Ehrfurcht gebietenden "Neutralität".

Genau auf diese Art und Weise sollten wir auch den Hund betrachten. Er verfügt genauso über seine Daseinsberechtigung wie der Mensch. Wenn ein Hundebesitzer sich anmaßt, ihn zu verändern, wenn er automatisch davon ausgeht, dass er grundsätzlich alles "besser weiß", weiß, was für den Hund gut und richtig ist, degradiert er ihn bewusst oder unbewusst. Er verdammt ihn zu einem Objekt, wie schon an früherer Stelle beschrieben. Es ist immer anmaßend vorzugeben, dass man alles "besser weiß", was für andere Lebewesen, gleichgültig ob Mensch oder Hund, "richtig" ist. Auch Kinder wissen oft besser, was ihnen wirklich dient und was nicht. Das gesamte Erziehungssystem ließe sich revolutionieren, wenn man Kindern mehr Rechte zugestehen und genauer auf sie eingehen würde.

Wenn man nicht bereit ist, anderen Wesen eine Existenzberechtigung zuzugestehen, verletzt man in gewissem Sinne die Gesetze der Natur. Und den eigenen Hund verändern zu wollen, ist genauso sinnvoll, wie einen Berg erziehen zu wollen. Deshalb sollte man zunächst den Hund voll akzeptieren. Niemand sollte versuchen, ein Tier nach seinem Willen zu "formen". Der Hund wird nie bereit sein, sich freiwillig führen zu lassen, wenn man ihn in eine Daseinsform hineinvergewaltigt, die nicht seiner Natur entspricht. Die einzige Methode, die wirklich funktioniert, besteht darin, den Hund einen Hund sein zu lassen. Zusätzlich muss man ihm seine Individualität gönnen, denn Hunde sind unterschiedlich. Nur dann ist es möglich, ihn in völliger Freiheit zu führen. Nur diese Art der Führung funktioniert.

DIE NATÜRLICHE FÜHRUNG

Wiederholen wir: Wenn du mit einem Resultat deiner "Erziehung" nicht zufrieden bist, ist es falsch, bestimmte (schmerzhafte oder dressurartige) Aktionen zu unternehmen, um das Tier zu trainieren. Es ist falsch, zu abwegigen Methoden Zuflucht zu suchen. Richtig ist es dagegen, die Dinge, die du tust, ***auf eine bestimmte Weise*** zu tun. Was ist darunter zu verstehen? Den ersten Bestandteil haben wir bereits etabliert. Dein Hund muss dir aus Liebe folgen. Du musst also eine bestimmte Haltung vorleben, die Affinität, Zuneigung und Liebe zum Ausdruck bringt - alles Vokabeln, die ein und dieselbe Sache beschreiben.

Wenn du wirklich ein ***Leader*** sein willst, musst du dich zudem wie ein Leader ***benehmen***. Eine Führungspersönlichkeit sagt nicht heute "Hü!" und morgen "Hott!". Sie strahlt Zuversicht aus. Sie ***ist*** ein Vorbild. Und sie kommuniziert mit jeder Faser, dass sie ein Leader ist. Das ist der Schlüsselsatz: ***Du musst denken, dass du ein Leader bist, und du musst genau dieses Gefühl, ein Leader zu sein, auf einer emotionalen Basis ausströmen.***

Diese Gedanken und Gefühle müssen dich umgeben wie eine Aura. Gedanken und Gefühle müssen also gemeinsam in die gleiche Richtung zielen: Leadership.

Aber was, in Gottes Namen, denkt ein Leader? Was "fühlt" er? Nun, ein echter Leader lässt sich nicht von äußeren Umständen ablenken, beeinflussen und manipulieren. Er bleibt seinen eigenen Zielen treu. Er ist selbstsicher. Er weiß, was er will. Er hört nicht sklavisch auf die Meinungen anderer, sondern bildet sich sein eigenes Urteil. Und er übernimmt Verantwortung für seine Umgebung und für alle, die ihm anvertraut sind. Mit anderen Worten, die Stellschraube, an der es zu drehen gilt, bist du selbst. Du "erschaffst" dich gewissermaßen selbst als Leader. Es sind deine ***Gedanken***, die du ausströmst, und deine ***Gefühle***, mit denen du dich umgibst, die dich persönlich identifizierbar machen und die dich definieren.

Der springende Punkt jedoch ist: Diese Gedanken erschaffst ***du selbst***. Daher bist du für deine Gefühle verantwortlich. Der "Trick" besteht also darin, Gedanken zu denken, die eine echte Führungspersönlichkeit auszeichnen, und jene Emotionen aktiv auszuströmen und zu produzieren, die einem Leader angemessen sind. Diese Fähigkeit muss man üben. Man muss sie aktiv erlernen. Sobald du über sie verfügst, wirst du unversehens Hauptdarsteller in dem Film, der da heißt "Leben". Das Leben gerät plötzlich unter ***deine*** Kontrolle.

Ein Hund spürt das. Vergiss nie, dass er ***telepathisch*** begabt ist. Bei dem Hund handelt es sich um eine ausnehmend intelligente, fähige Kreatur. Er schnappt Gedanken und Gefühle auf. Deine Schwingungen, liest deine Gedanken und Gefühle, gehen auf ihn über. Wenn du also Gedanken und Gefühle ausströmst, die einem

Leader zu Eigen sind (wie Selbstsicherheit, Unbeirrbarkeit und so fort), und du dies auch noch mit Zuneigung und Liebe garnierst, folgt dir dein Hund magischerweise so exakt wie ein Vogel seinem Vogelschwarm, der ja ebenfalls erstaunlich genau ausgerichtet ist. An der Spitze fliegt ein Vogel, der ***Leader***, und in einer unglaublich exakten Anordnung fliegen hinter ihm Hunderte von anderen Vögeln. Das ist bei Gänsen und Raben etwa der Fall, es ist faszinierend und grenzt fast an ein "Wunder". Physikalisch ist dieses Phänomen des Vogelschwarms kaum zu erklären. Und trotzdem existiert es. Der Materialist beginnt zu stottern, wenn er es deuten soll. Der spirituell begabte Mensch dagegen kann es leicht einordnen.

Der Hund verhält sich nicht anders. Im Grunde genommen sucht er einen Leader. Aber eben dieser Leader muss ihn auf der einen Seite völlig als Hund gelten lassen, er darf nicht versuchen, seine Natur gewaltsam zu verändern. Gleichzeitig muss er auf der anderen Seite emotional und gedankenmäßig den "Geruch" eines Leaders ausströmen, wie das vielleicht der Hund selbst ausdrücken würde, der mit seiner Begabung für Gerüche dem Menschen ja tausendfach überlegen ist und der gewissermaßen in der Kategorie "Geruchssinn" denkt. Der Mensch benutzt dagegen in erster Linie die Augen. Der "Gesichtsinn" ist sein wichtigstes Wahrnehmungsorgan. Hund und Mensch kommen jedoch zusammen und sprechen eine gemeinsame Sprache, wenn es um ***Gedanken*** und ***Gefühle*** geht. Das ist das Esperanto der Menschen- und Tierwelt, jedenfalls wenn es um den Hund geht. Noch einmal: ***Die gemeinsame Sprache zwischen Mensch und Hund sind Gedanken und Gefühle.*** Unterstützt wird sie je und je durch Gesten, Haltungen und die Körpersprache sowie gelegentlich durch Worte, Laute und Geräusche. Das ist die neue Sprache, die du erlernen musst, wenn du mit deinem Hund "sprechen" willst.

Tatsächlich musst du es austesten, um es zu glauben. Du musst dich auf dieses Experiment einlassen und einmal versuchen, deine Gedanken in eine neue Richtung zu lenken. Du musst dich selbst am Riemen reißen und beschließen, die eigenen Gedanken und die eigene Gefühlswelt zu kontrollieren. Es ist ein fantastisches Experiment. Denke Leader-Gedanken! Empfinde Leader-Gefühle! Das "positive thinking", wie es im angloamerikanischen Raum genannt wird, im Deutschen spricht man vom "positiven Denken", ist nur eine kleine Variante dieser Think-Feel-Methode. Und trotzdem erregte das "positive Denken" einst die halbe Welt und wird immer noch vielerorts mit einigem Erfolg angewendet. Die Technik, Gedanken ***und*** Gefühle aktiv auszuströmen und selbst zu bestimmen, geht weit, weit über das positive Denken hinaus. Du kannst mit dieser Methode ein völlig neues Niveau erreichen. Am besten gestattest du es dir, dich schrittweise daran heranzutasten. Dann aber eröffnen sich auf einmal fantastische Perspektiven.

NEUE DIMENSIONEN

Auf die tatsächliche Tragweite und Macht der eigenen Gedanken und Gefühle wurde selten aufmerksam gemacht. Aber in letzter Konsequenz bedeutet es, dass man alles selbst erschafft – mittels seiner Gedanken und Gefühle. Und es bedeutet, dass man sich alles Mögliche selbst "fühlend erdenken" kann.

Der Mensch benutzt diese Methode unbewusst jeden Tag. Aber er verzichtet darauf, den Vorgang bewusst zu kontrollieren. Er geht im Gegenteil so vor, dass er sich von Emotionen überwältigen lässt und schwarzen Gedanken Raum gewährt. Und so geht es mit ihm bergab.

Wenn er jedoch beginnt, frei von der Meinung anderer plötzlich seine ureigensten Gedanken und Gefühle sich "materialisieren" zu lassen, kann er auf einmal sein Leben völlig umkrempeln. Er kann sich eine völlig neue Lebensqualität "erschaffen". So etwas wie "Freiheit" ist unversehens möglich. Er kann sich selbst durchs Leben "führen", und wird nicht wie an einem Gängelband oder einem Nasenring durch die Arena gezerrt. Er ist frei von unbewussten Programmen und wird nicht von Gedanken und Gefühlen terrorisiert, nicht von seinen eigenen und nicht von denen anderer.

Der Hund macht dem Menschen also ein großes Geschenk. Er spiegelt die Gedanken und Emotionen des Besitzers, wie wir bereits wissen. Dadurch erhält der Mensch die Möglichkeit, sich selbst kennenzulernen. Der Hund zeigt Stärken und Schwächen auf. Kann eine Person "zuhören", vermag sie regelrecht ihr Bewusstsein zu erweitern. Denn die einzige Person, die man zu 100 Prozent kontrollieren kann, ist man selbst. Dazu gehören die eigenen Gedanken, die eigenen Gefühle, die persönliche Haltung und alle Handlungen. Wir sind nicht der Spielball irgendwelcher Götter oder außerirdischen Mächte. Es gilt also, Meister über die eigenen Gedanken und Gefühle zu werden. Man erlaube mir die enthusiastische Formulierung: Das ist der Schlüssel zum Paradies.

WIE MAN »DENKEN« SOLLTE

Natürlich erhebt sich sofort die Frage, auf welche Weise man "denken" sollte. "Denken" ist nicht gleich Gehirnaktivität. Das richtige Denken, so wie ich es verstanden haben will, badet auch nicht nur in bloßen Worten. Leere Worthülsen bewirken ... nichts. Die meisten Menschen nehmen lediglich an, dass sie ***denken***. In Wahrheit steuert ihr Unterbewusstsein die Vorgänge. Falsch ist es ebenfalls, sich in "Affirmationen" (= Bestätigungen) zu ergehen, ohne das Gesagte gleichzeitig intensiv zu fühlen. Zum richtigen Denken gehören Imagination und Vorstellungskraft. Die Kunst besteht darin, trotz aller äußeren Umstände, die "eigentlich" dagegen sprechen, das zu denken, was man selbst will. Das erfordert Fokus.

Tiere können ***nicht*** auf diese Weise denken, es ist das ausschließliche Privileg des Menschen. Mit dieser Art des "Denkens" geht, wie gesagt, immer "Gefühl" einher. Und Gefühl "kommt von Herzen", weiß schon der Volksmund. Man empfindet gewissermaßen in Schwingungen - welche die einen ***Matrix*** und ***Universum*** nennen, andere sprechen vom ***Mutterschoß***, von ***Energie*** und sogar von ***Gott***. Unterschiedliche Schulen und Geistesströmungen benutzen unterschiedliche Ausdrücke. Das braucht uns alles nicht zu stören. Jedenfalls ist diese Art von Gefühl höchst ***intensiv***.

GOLDENE SÄTZE

Die "goldenen Sätze" lauten also:

- Ändere deine Gedanken und Gefühle, und dein Hund ändert sich.
- Wenn du wie ein Leader denkst und fühlst, wird dir dein Hund automatisch folgen, sofern du ihm nicht seine "Natur" absprichst und du zusätzlich voller Liebe bist.
- Wenn du lernst, deine Gedanken und Gefühle zu kontrollieren, kannst du dein gesamtes Leben verändern, beinahe in jeder Hinsicht.

8.

WISSENSCHAFT UND WISSEN

Es ist notwendig, die Einsichten, die wir gerade gewonnen haben, weiter zu vertiefen. Wir verstehen inzwischen die "Hundesprache" sehr viel besser, zumindest sind wir ihr ein wenig auf die Schliche gekommen. In der Quantenphysik besteht man darauf, dass es überall energetische Schwingungen gibt, die miteinander verbunden sind. Parallel dazu könnte man die These aufstellen, dass auch Hund und Mensch auf diese Art in Verbindung stehen. Sprich: Man könnte argumentieren, dass Mensch und Hund mittels "Schwingungen" miteinander kommunizieren. Jedenfalls steht fest, dass sich Gefühle und Gedanken vom Menschen auf den Hund übertragen.

Es ist im Übrigen immer gefährlich, "die Wissenschaft" zu zitieren, denn schon morgen kann sie wieder von einer neuen Theorie abgelöst und über den Haufen geworfen werden. Fest steht nur, dass jene Emotionen, die der Mensch ausstrahlt, von dem Hund "gelesen" werden. Der Mensch ist Ursache, der Hund Wirkung. Die Wirkung, der Hund, spiegelt also nur wider, was von der Ursache, dem Menschen, ausgeströmt worden ist. Die Haltung des Menschen, seine Einstellungen, seine Gedanken und Gefühle werden von dem Tier aufgenommen und "abgekupfert".

Der "Casus knacktus", wie man umgangssprachlich so schön sagt, besteht darin, dass das "Unterbewusstsein" weitgehend darüber bestimmt, was eine Person ausstrahlt, beziehungsweise alte Muster und alte Programme bestimmen darüber. Diese alten Programme verursachen Gefühle, Einstellungen und Haltungen, die uns nicht bewusst sind. Sie bestimmen zu einem beträchtlichen Grad die eigenen Gedanken und Gefühle. Damit gehen "Schwingungen" einher - um nun wieder die Sprache der Quantenphysiker zu gebrauchen. Diese Schwingungen werden von dem Hund aufgenommen, aufgeschnappt und gespiegelt.

Der Hund liest fortlaufend, was ihm der Mensch per Schwingungen zuschickt. Entsprechend agiert er. In gewissem Sinn übernimmt er den Standpunkt des Menschen, er wird eins mit der Realität des Frauchens oder des Herrchens. Zugespitzt ausgedrückt: Der Hund verwandelt sich in den Menschen, in seinen Besitzer. Der Nachteil oder die Gefahr besteht darin, dass auch alte Glaubenssätze, die der Mensch abgespeichert hat und die er unbewusst noch immer "lebt", ebenfalls gespiegelt werden. Der Mensch projiziert also sich selbst auf den Hund, mitsamt all seiner Unvollkommenheiten, aber auch seine guten Seiten werden gespiegelt.

Die Wissenschaft hat sich heute darauf verständigt, dass alles "genetisch" bedingt ist. Ich habe auf diesen Trugschluss bereits aufmerksam gemacht sowie auf die Tatsache, dass es längst die ***Epigenetik*** gibt, die über die Genetik hinausgeht und versucht, die Grenzen und Fehler des genetischen Denkens aufzuzeigen. Kurz gesagt kann man sich in dem Dschungel der verschiedenen "Wissenschaften" schnell verirren. Bei Licht betrachtet braucht man all diese "Referenzen" und Bezugnahmen aber nicht einmal. Kein Wort wurde mehr missbraucht als der Begriff "Wissenschaft". Weitaus bedeutsamer ist ***Wissen***. Wenn eine Person etwas realisiert, so ***weiß*** sie um einen Umstand und braucht keine hochtönende Vokabel mehr oder die Bestätigung durch einige selbst ernannte "Experten", "Autoritäten" oder "Wissenschaftler".

Verschiedene Forscher, wie Bruce Lipton, der versuchte, im "Unterbewusstsein" spazieren zu gehen, Gregg Bradon, ein Geologe von Haus aus, Gerald Hüther, ein Hirnforscher, Quantenphysiker wie Anton Zeilinger und Physiker wie John Weeler, sie alle versuchten, diesem Geheimnis des Bewusstseins und der Schwingungen auf die Spur zu kommen.[1] Sie alle bemühten sich, von unterschiedlichen Blickwinkeln aus das Phänomen zu betrachten. Aber ach! Quantenphysiker widersprachen dabei Quantenphysikern, Physiker Psychologen und Managementgurus Genetikern. Bei Licht betrachtet brauchen wir sie alle nicht, es sei denn, uns ist daran gelegen, mit der hehren Vokabel "Wissenschaft" Punkte zu sammeln und Eindruck zu schinden. Während all diese Herren Wissenschaftler sicherlich ehrenwerte Gelehrte sind, die nur versuchen, ein tieferes Verständnis für bestimmte Phänomene zu gewinnen, widersprechen sie sich doch auf abenteuerliche Weise.

Warum hat noch niemand darauf aufmerksam gemacht, dass es 101 unterschiedliche Schulen innerhalb der Psychologie allein gibt, die unmöglich auf einen gemeinsamen Nenner zu bringen sind? Warum verschweigt man, dass viele "Wissenschaftler" sich gegenseitig an die Gurgel gehen, wenn es um bestimmte Theorien geht? Handelt es sich vielleicht auch bei vielen "Wissenschaften" nur um alte Programme, die wir brav und artig wiederkäuen, wie Kühe Gras?

WAS WIR WISSEN UND WAS WIR NICHT WISSEN

Wahr ist auf jeden Fall, dass der Hundebesitzer bestimmt, wie sich sein Hund benimmt. Dieses Gesetz der Führung, sprich die Übertragung von Gedanken, Gefühlen und Einstellungen, wirkt nebenbei bemerkt auch zwischen Menschen. Erneut eröffnen sich hierdurch fantastische Perspektiven, und sie alle weisen in Richtung einer höheren Eigenverantwortung.

Es ist nicht klug, allen "zufällig aufsteigenden" Gedanken und Gefühlen Glauben zu schenken und sich nach ihnen zu richten. Wenn man sich automatisch mit ihnen identifiziert, kann man in die Irre geführt werden. Der Grund: Zahlreiche "faule" Programme steuern zu einem ungeheuren Ausmaß das Leben des Menschen, ich persönlich schätze zu rund 95 Prozent. Der Mensch lebt in der Folge wie auf Autopilot, das heißt, sein Leben läuft "mechanisch" ab. Es handelt sich um eine Art Robotismus. Nur etwa 5 Prozent, so meine Annahme, werden bewusst von dem Menschen selbst gesteuert.

Viele alte Programme werden schon in der Kindheit installiert, von der Mutter, dem Vater, der Großmutter, den Geschwistern sowie dem gesamten Umfeld, wie von Lehrern und sogar der "Politik". Ein Kind wird mit "Daten" abgefüllt, die es abspeichert. Bestimmte Programme sind notwendig, um in der Kultur, in dem Land und in der Zeit, in der man sich befindet, zu "überleben" und sich zurechtzufinden. Sie sind nicht überflüssig. Man gerät zu einem funktionierenden Mitglied der Gesellschaft. Einige alte Programme braucht man nicht über Bord zu werfen. Verschiedene Programme lehren uns, wie wir laufen und atmen, wie wir essen, kauen und so weiter. Aber es gibt auch Programme, die eine Person ausbremsen. Hierbei handelt es sich exakt um jene Programme, die jemanden daran hindern, seine Träume zu verwirklichen.

Die begeisternde Nachricht besteht darin, dass man sie verändern kann. Alle Programme, die darauf hinauslaufen, eine Person "klein zu machen" sind überflüssig und falsch. Ich schließe nicht aus, dass man damit Ängsten, Unsicherheiten, Ruhelosigkeit, mangelnder Selbstliebe, Orientierungslosigkeit, Geltungsdrang, Ungeduld und fehlendem Selbstvertrauen zu Leibe rücken kann. Aber es ist immer falsch, allzu großartige Versprechungen abzugeben und zu behaupten, man könne solche "Wunder" immer und jederzeit bei jeder Person erreichen. Fest steht nur, dass man nie alten, negativen Programmen Glauben schenken sollte. Sie lauten zum Beispiel:

- *"Das schaffst du nie!"*
- *"Du bist dumm!"*
- *"Was denkst du eigentlich, wer du bist!?"*
- *"Was sollen die anderen von dir denken!?"*

Das sind Verliererprogramme, von denen man sich in Blitzgeschwindigkeit verabschieden sollte. Mit solchen Sprüchen oder Glaubenssätzen sabotiert man sich selbst. Sie verhindern, dass man seine wahren Ziele verfolgt.

MACHT UND OHNMACHT DER PROGRAMMIERUNG

Es gibt unterschiedliche Ansätze innerhalb der Pädagogik, die alle zu beschreiben versuchen, *wann* ein Mensch besonders offen für "Programme" ist. Die meisten Theoretiker sind sich einig, dass ein Kind bis zu sieben Jahren besonders leicht zu "belehren" ist. Es ist noch nicht klug und gewitzt genug, Lehrsätze, Glaubenssätze und Programme zu hinterfragen. Es übernimmt unbesehen die Programme der Eltern und der Lehrer.

Die Gefahr ist offensichtlich. Wenn das Kind mit bestimmten Programmen gefüttert wird, verändert es nach einiger Zeit seine Persönlichkeit. Es ist nicht mehr "es selbst". Es "wird gelebt" könnte man sagen. Die Programme übernehmen die Führung. Das Kind lebt das Leben seiner Eltern und Ahnen. In der Folge bewegt sich das Kind, sobald es erwachsen wird, nicht mehr "selbst-bewusst" durchs Leben. Es spult nur alte Programme ab, die ihm eingetrichtert worden sind.

MENSCH UND HUND

Es ist nicht weiter verwunderlich, dass sich ein Hund nicht an Menschen orientiert, die nur aus alten Programmen bestehen. Das Tier erkennt sofort, dass es sich keinesfalls um einen ***Leader*** handeln kann. Ein Hund lässt sich dagegen spielend leicht führen, wenn der Mensch sich seines Selbst bewusst ist und von dieser Position und Höhe seines wahren ICHS aus operiert. Der Hund ist deshalb nur dann "gesund", wenn auch der Mensch "gesund" ist, das heißt: frei von alten Programmen. Je gesünder der Mensch ist, auf allen Ebenen und in allen Beziehungen, körperlich, geistig und seelisch, umso leichter kann er einen Hund führen.

Der Mensch erschafft Dinge mithilfe seiner Gedanken und Gefühle. Wenn er Probleme erschafft und Unzulänglichkeiten an den Tag legt, wird auch das von dem Hund kopiert. Es gilt also, alte Glaubenssätze oder schädliche Programme auszulöschen und sich von ihnen zu distanzieren.

Sabotierende Programme kann man glücklicherweise “überschreiben” oder “überspielen”, wie man das ausdrücken könnte, man kann sie gleichsam neu formulieren. In dem Augenblick, da man plötzlich bewusster durchs Leben geht, eröffnen sich gleichzeitig neue Möglichkeiten. Die ursprünglichen Träume und Ziele springen unversehens wieder an die Oberfläche. Die ***eigenen*** Gedanken und Gefühle kommen zum Vorschein. Damit verändern sich auch die Schwingungen, die damit einhergehen. Der Hund wird nun leicht zu führen sein. Man muss es jedoch selbst ausprobieren, um es zu glauben.

Auf diese Art kann man förmlich zu einem Magneten für den eigenen Hund werden, ja selbst auf andere Menschen sehr attraktiv wirken, denn die wahre Individualität einer Person übt eine schier unwiderstehliche Anziehungskraft auf andere aus. Es handelt sich scheinbar um Magie. In Wahrheit handelt es sich um nichts anderes als um Authentizität, Integrität und Selbstbewusstsein.

Es wäre viele Doktorarbeiten wert, einmal “alte Programme” innerhalb der Geschichte zu untersuchen und sie daraufhin abzuklopfen, inwiefern sie auch heute noch abgespult werden. Wahrscheinlich könnte man Gold und nochmals Gold zu Tage fördern. Ich schließe nicht aus, dass die halbe Historie aus nichts anderem besteht als aus alten Programmen, die wieder und wieder abgenudelt wurden wie eine alte verkratzte Schallplatte, die wir nur vergessen haben zu entsorgen.

9.

WEGE, DIE ZUM ZIEL FÜHREN

Der Anfang ist die Hälfte des Ganzen, sagt ein beliebtes Sprichwort, und es liegt einiges an Wahrheit darin. Wenn es also tatsächlich um Selbsterkenntnis und Selbstverbesserung geht, wie wir immer wieder feststellen, so stellt sich die Frage, in welche ***Richtung*** wir losmarschieren sollten? Man kann nicht gleichzeitig in alle vier Himmelsrichtungen lospreschen. Man braucht einen Weg und ein Ziel. Und man benötigt Hinweisschilder.

LEBENSBEREICHE

Schon Pythagoras bemühte sich, verschiedene Lebensbereiche zu definieren. Seine Antwort auf die wichtigste aller Fragen, in welcher Richtung wir "expandieren" sollten, lautete ***Freundschaft.*** Es ging ihm um Freundschaft oder Liebe zu sich selbst, zu der eigenen Familie, den Kindern, der unmittelbaren Umgebung, zu Gruppen und Gruppierungen, selbst zu Sklaven und anderen Völkerschaften, ja zu allen Lebewesen, bis hin zu Tieren und Pflanzen.

Viele religiöse Weisheitslehrer vertraten das gleiche oder ein ähnliches Konzept. Der Hinduismus und der Buddhismus sind besonders aufgeschlossen, wenn es um die "Liebe" zu Pflanzen und Tieren geht. Genau hier lauert jedoch eine Fallgrube, auf die man ebenfalls aufmerksam machen sollte.

DAS EXTREM

Speziell im Hinduismus wurde die "Liebe" zu Tieren pervertiert. Wahrscheinlich missverstand man einfach die ursprüngliche Lehre. Die Liebe zu Tieren wurde in Indien abgeändert zu der Vorstellung, keine Kühe verspeisen zu dürfen, Tiere höher als Menschen zu schätzen, Tiere wie Götter zu verehren und ihnen alles zu erlauben, einschließlich Diebstahl. Selbst die Verschmutzung und die Zerstörung der Umwelt wurden und werden in Kauf genommen. Tiere in Indien dürfen noch heute menschliche Nahrung räubern, ihren Kot überall liegen lassen und Schaden anrichten, wo auch immer es ihnen beliebt. Krokodile, Affen, Hunde, Katzen, Kühe, Tiger, Pfauen, Papageien und sogar Ratten - alles, alles wurde "heilig" gesprochen. Besonders anbetungswürdig ist bis heute die Kuh in Indien, die nicht getötet werden darf und inzwischen rund ein Fünftel der "Gesamtbevölkerung" Indiens ausmacht. Stirbt eine Kuh, muss sie mit allen Ehren und mit Pomp zeremoniell bestattet werden.[1]

Durch solche Beispiele und Auswüchse lassen sich viele Menschen davon abhalten, liebevoll mit Tieren umzugehen. Sie verwerfen in Bausch und Bogen das gesamte Tierreich. Ich persönlich nehme an, dass es sich lediglich um eine Überreaktion handelt und die ursprünglichen, konstruktiven Lehren des Hinduismus eine ungebührliche Übertreibung erfuhren. Soweit ich es beurteilen kann, lehrte diese uralte Religion lediglich den ***Respekt*** vor der Tierwelt und die ***Freundschaft,*** nicht die Unterwerfung.

Und so erkennen wir sehr rasch, wie eine Forderung, also der freundlichere Umgang mit einem Tier, pervertiert werden kann - durch Beispiele, die weit über das Ziel hinausschießen. Richtig ist, dass wir der Tierwelt eine weitaus höhere Bedeutung zuweisen sollten und dass es in dieser Beziehung unendlich viel zu lernen gibt. Aber das heißt nicht, dass wir uns unterordnen sollten.

DER MENSCH UND SEINE EXPANSIONSMÖGLICHKEITEN

Wir müssen begreifen, dass dem Menschen eine einzigartige "Kraft" innewohnt. Er kann "erschaffen". Er vermag sein Verantwortungslevel zu erhöhen. Jedes menschliche Individuum verfügt über enorme Fähigkeiten, die manchmal nur ausgegraben werden müssen. Versteht man diesen Ausgangspunkt und versteht man weiter, dass alle Lebewesen, sichtbar oder unsichtbar, miteinander verbunden und verknüpft sind, erkennt man sehr rasch, dass der Mensch gegenüber der Tierwelt, der Natur und vielleicht sogar gegenüber dem gesamten Universum eine ***Aufgabe*** zu erfüllen hat. Sie besteht offenbar darin, alles Existente mehr und besser zu verstehen, es zu akzeptieren, es zu fördern und zu unterstützen.

Wie keine andere Spezies kann der Mensch mit den verschiedensten Spezies "in Kommunikation treten" oder zumindest Kontakt zu ihnen aufnehmen. Er kann viele "Sprachen" sprechen und neue "Sprachen" erlernen, Computersprachen genauso wie Tiersprachen. Idealerweise beginnt er jedoch zunächst bei der eigenen Person, wenn es um Verbesserungen und eine vernünftige Höherentwicklung geht. Danach kann er weitere Lebenskreise in den Fokus nehmen, Verwandte, Freunde, die Menschheit sowie die Tier- und Pflanzenwelt. So sieht jedenfalls meine persönliche Weltsicht aus.

Es liegt in der Natur des Lebens, zu wachsen und sich zu vermehren. Hierfür kann selbst ein Samenkorn in den Zeugenstand gerufen werden. Einmal gepflanzt, gedeiht es und sorgt dafür, dass noch mehr Samenkörner entstehen. Ähnlich verhält es sich mit unserem Intellekt. Der Mensch ist wissensdurstig, er ist brennend daran interessiert, mehr und mehr Dinge in Erfahrung zu bringen. Die gesamte Geschichte der Menschheit ist, unter einem bestimmten Aspekt betrachtet, bislang nichts anderes als der Versuch, Erkenntnisse zu gewinnen.

Und unsere "Seele"? Oh, worum handelt es sich hierbei überhaupt? Ich glaube, wir müssen zunächst daran arbeiten, sie überhaupt zu erkennen. Sie will akzeptiert, wahrgenommen und bestätigt werden. Offenbar verfügt sie über ein Bündel an Fähigkeiten, die bisher kaum realisiert wurden. Im Laufe meiner Arbeit mit Menschen und Tieren stellte ich immer wieder voller Erstaunen fest, welche unglaublichen Talente in dem Menschen und in der "Seele" oder dem "Geist" schlummern. Wir alle verfügen über eine Energie, die schier unerschöpflich ist.

Der erste Schritt besteht also darin, sich selbst zu vertrauen, dem eigenen ICH, und an sich selbst zu arbeiten, zu schmirgeln und zu feilen. Man beginnt den Weg der Selbstverbesserung idealerweise damit, der eigenen Person zu dienen. Das hört sich seltsam an. Aber schon Pythagoras machte darauf aufmerksam, dass man auch "freundschaftliche Gefühle" gegenüber sich selbst entwickeln sollte, gegenüber dem eigenen Körper und dem ICH oder der Seele. Es ist tatsächlich eine Art Dienst. Sobald man "in sich selbst ruht", kann man sich weiterentwickeln. Und schließlich kann man seinen Gesichtskreis und seinen Verantwortungsbereich erweitern und auch seinem Hund "dienen", was aber nicht bedeutet, dass man sich ihm unterordnet. Man versteht einfach die Welt des Hundes besser, erlernt seine Sprache und trägt dazu bei, dass er seiner Natur gemäß "glücklicher" ist.

Es gibt also einen Weg, der von der eigenen Person weiter und weiter nach "außen" oder "draußen" führt. Und so kann man zu guter Letzt dem Wohle aller dienen und dazu beitragen, dass die gesamte Umgebung besser aufgestellt ist. Idealerweise sollte jede Person und jedes Wesen gewinnen, das mit dir in Berührung kommt.

DIE WAHRE POWER DES MENSCHEN

Wenn man bei sich selbst beginnt, erkennt man sehr rasch, dass uns ungewöhnliche Fähigkeiten zu Eigen sind. Damit man zum Wohle seiner selbst, seiner Gruppe, aller Menschen und Tiere operieren und von maximalem Nutzen sein kann, ist es klug, zuerst sein ganzes Potenzial zu entfalten. Das gilt für Körper, Geist und Seele gleichermaßen.

Aber verflixt, wenn man Innenschau hält und mehr oder weniger intensiv versucht, sich selbst zu erkennen, was passiert in der Folge? Nun, ich kann an dieser Stelle nur meine eigenen Erfahrungen wiedergeben. Man erkennt, dass man eben kein Körper oder ein lebloser Gegenstand ist. Man besteht aus "Bewusstsein". Im Idealfall handelt es sich um vollkommenes Bewusstsein. Man ist jedenfalls nicht der Körper, nicht der Leib, kein Mittelfußknochen und auch kein Blinddarmzipfel. Man ***benutzt*** den Körper nur, um bestimmte Erfahrungen zu sammeln. Doch wenn man nicht der Körper oder der Leib ist, wer ist man wirklich?

DAS ÄLTESTE RÄTSEL DER MENSCHHEIT

Unversehens befinden wir uns wieder im Bereich der Religion, der Spiritualität und der Esoterik. Aber lassen wir uns getrost auf das Abenteuer ein. Tausende von Weisheitslehrern versuchten, die Frage zu beantworten, was der Mensch wirklich ist. Zahlreiche spirituelle Führer gaben darauf die gleiche Antwort: Man ist ein Geist oder eine Seele. Und man lebt nicht nur einmal.

Vielleicht gibt es keine verführerischere Idee als die Vorstellung, nicht nur einmal zu leben, sondern viele Hundert, ja Tausend Male. Diese Idee wird in der Literatur mit zahlreichen Vokabeln umschrieben, die eigentlich alle auf dasselbe hindeuten – nämlich die Tatsache der Wiedergeburt. Begriffe wie Reinkarnation (bedeutet wörtlich "Wieder-Fleischwerdung"), Seelenwanderung, Wiederverkörperung, Metamorphose ("Gestaltwandel"), Wiederkehr, Transmigratio ("Übersiedlung") und Palingenesie ("Wieder-Entstehung") bedeuten in letzter Konsequenz alle, dass man nicht nur einmal lebt. Diese Wortgebilde beweisen, wie erstaunlich weit verbreitet in der Literatur, in den heiligen Büchern und in dem Denken der Völker diese Vorstellung ist.

Im Übrigen existieren die vielfältigsten Ausformungen der Wiedergeburtsidee. Einige Urvölker glaubten, die Seele fliege nach dem Tode zuerst zum Mond, bevor sie zurückkehre und in einem neuen Leib wiedergeboren werde. Andere Völker, wie die alten Ägypter, nahmen an, dass man vorzugsweise in bestimmten Tieren reinkarniere. Bei den alten Germanen ging man davon aus, dass der Großvater, so er starb, wieder in dem Enkel, also als Sohn des eigenen Sohnes, wiedergeboren würde.

Höchst bemerkenswert ist, dass die Idee der Wiedergeburt praktisch auf allen Kontinenten auftritt. Wir finden diese Vorstellung besonders geballt im südasiatischen Raum – und hier speziell in Indien. In einem Buch der Veden heißt es: "Wie eine Schlangenhaut abgestorben und abgestreift auf dem Ameisenhügel liegt, ebenso liegt der Körper nach dem Tode. Aber dieses knochenlose, körperlose, aus Einsicht bestehende Selbst nimmt sich in der Folge einen neuen Wohnsitz ..."[2]

Während es eine verhältnismäßig bekannte Tatsache ist, dass im indischen Raum die Idee der Reinkarnation die religiösen Vorstellungen bestimmt, ist der Wiedergeburtsgedanke in anderen Kulturen weniger populär. Aber man höre und staune: Nahezu bei jedem Naturvolk ist der Glaube an eine Seele bzw. an ein seelenähnliches, geistiges Prinzip festzustellen. Manchmal wird die Seele als ***eine dünne, körperlose Substanz*** beschrieben, manchmal wird sie verglichen mit ***Dampf***, einem ***Häutchen*** oder dem ***Schatten.*** Zum Vergleich werden auch der ***Atem***, der ***Morgennebel*** und ***feiner Sprühregen*** herangezogen. Solche Bilder sollen gewöhnlich der Nichtstofflichkeit der Seelenvorstellung gerecht werden.

Bedeutsam ist der mit der Wiederverkörperung verbundene Aufstieg oder Abstieg. Auf Madagaskar werden die Häuptlinge in Schlangen und Krokodile verwandelt, während die einfachen Stammesmitglieder sich mit einem Leben als Aal zufriedengeben müssen. Sehr häufig findet man auch die Vorstellung, dass Seelen, die eines ungewöhnlichen Todes oder zu früh sterben, noch eine Weile umgehen müssen. Bei den Danaks auf Borneo zum Beispiel glaubt man, dass die Seelen aller Gefallenen eine Zeit lang als Gespenster ihr Unwesen treiben. Die Seelen der Frauen, die im Wochenbett gestorben sind, werden angeblich zu unruhigen Dämonen. Und zu früh verstorbene oder ungeborene Kinder kommen als Vampire wieder ...

Wie man auch immer über diese Spielarten der Reinkarnationsidee urteilen mag, fest steht, dass der Wiedergeburtsgedanke in mannigfaltigen Variationen bei den Urvölkern Amerikas, Afrikas, Asiens und Australiens vorzufinden ist. Aber auch in den

Hochkulturen begegnet er uns an allen Ecken und Enden. Der Erste, der auf die Seelenwanderungslehre bei den Ägyptern aufmerksam machte, war der Grieche Herodot, der Begründer der kritischen Geschichtsschreibung, der behauptete, dass die Griechen diese Lehre von den Ägyptern übernommen hätten. Pythagoras lehrte, dass die Seele sich nach einer festen Regel in Landtieren, Vögeln und Wassertieren inkarnieren müsse, bis sie wieder in einem menschlichen Körper Wohnsitz nehmen könne – wir haben bereits von ihm gehört. Noch einmal: Pythagoras behauptete von sich, dass er sich an mehrere seiner eigenen früheren Verkörperungen erinnern könne.

Pindar (um 518 bis 446 v. Chr.), ein griechischer Lyriker, nahm an, dass es mindestens eines dreimaligen Erdenwandels ohne Fehl und Tadel bedürfe, bevor die Seele vom Zwang der Wiedergeburt befreit werden könne. Empedokles (492 bis 430 v. Chr.), der griechische Staatsmann und Naturphilosoph, vermutete, dass sich die Seele zwischen den einzelnen Einkörperungen in der Unterwelt aufhalten müsse. Er glaubte, dass er bereits einmal Knabe, Mädchen und Pflanze gewesen sei. Auch Platon (427 bis 347 v. Chr.), der bekannteste aller griechischen Philosophen, glaubte an die Wiederverkörperungsfähigkeit der Seele.

Richten wir den Blick auf das ewige Rom: Ennius (239 bis 169 v. Chr.) war wahrscheinlich der erste lateinische Dichter, der die Seelenwanderungslehre im italischen Raum verbreitete. Aber auch die Autoren Vergil, Ovid und Seneca spielten mit dem Gedanken an die Wiedergeburt.

Bei den Kelten wiederum vertrat besonders der Priesterstand der Druiden diesen Unsterblichkeitsglauben.

Des Weiteren ist im jüdischen Raum die Vorstellung der Wiedergeburt zu finden. Definitiv kann die Reinkarnationsidee hier in einigen esoterischen Schriften nachgewiesen werden, wie in der ***Kabbala*** (wörtl. "Das Überlieferte"), die Mitte des 12. Jahrhunderts in der West-Provence entstand. In dem grundlegenden kabbalistischen Buch mit dem Titel "Bahir", was wörtlich so viel wie "hell" oder "klar" bedeutet, werden ohne Wenn und Aber Seelenwanderungsvorstellungen beschrieben.

Auch das frühe Christentum setzte sich mit dem Reinkarnationsgedanken auseinander. Demgegenüber standen jedoch schon sehr bald die Interpretationen einiger Priester, die Ausdrücke wie "Wiedergeburt", "Auferstehung" und "Totenerweckung", die ganz unzweifelhaft im Neuen Testament auftreten, vollkommen anders interpretierten. Der griechische Kirchenvater Clemens von Alexandrien jedoch bekannte sich ganz offen zur Reinkarnation, er behauptete sogar, dass Paulus die "Wiedergeburt" gelehrt habe.

Clemens' Schüler Origines, der ebenfalls die Wanderung der Seele für möglich hielt, wurde für seinen Glauben schließlich exkommuniziert. Auf dem Kirchenkonzil des Jahres 525 griff man die Reinkarnationslehre heftig an und versuchte, diese Idee per Dekret zu verbieten. Aber es misslang. Die Idee lebte fort, sie war nicht auszurotten - ebenso wenig wie im arabischen Raum. Zugegeben: Der Islam kennt heute in seiner orthodoxen Ausprägung keine Seelenwanderungslehre. Aber bei den Schiiten, der 2. islamischen Hauptkonfession, existiert noch immer hie und da der Glaube an eine periodische Wiederkehr der Imame. Und im Sufismus existiert mit Bestimmtheit der Reinkarnationsgedanke. Speziell die Derwischbünde pflegen diese Vorstellung.

Darüber hinaus gibt es auch erstaunlich viele Beispiele von deutschen Schriftstellern, die den Gedanken der Wiedergeburt in ihr literarisches und weltanschauliches Schaffen eingebracht haben. So etwa ist Lessings Haltung gegenüber dem Wiedergeburtsgedanken positiv. In seinem Essay "Die Erziehung des Menschengeschlechtes" reflektiert er über eben diese Vorstellung. Lessings Bruder, Karl Lessing, bezeugt, dass die Idee der Wiedergeburt in den letzten Lebensjahren die Lieblingsidee des Dichters war, die ihm erstmalig durch den Schweizer Naturforscher Charles de Bonnet vermittelt wurde.

Weiter dachte auch Goethe sehr ernsthaft über die Wiedergeburtsidee nach. Zahlreiche dichterische Äußerungen in seinen Tagebucheintragungen sowie briefliche Mitteilungen verraten uns, dass sich Goethe oft und gründlich mit diesem Gedanken beschäftigte. Mit Charlotte von Stein, Eckermann, Lavater und dem Schauspieler J. A. Christ disputierte Goethe über die Reinkarnation und äußerte anlässlich des Begräbnisses Wielands am 25.1.1813, dass er gewiss schon tausendmal gelebt habe und gewiss auch noch tausendmal wiederkommen werde.[3]

Und so könnte man sich weiter durch das Dickicht der Geschichte und der Denker schlagen.

UNGLAUBLICHE POTENZIALE – ODER: DIE UNSTERBLICHKEIT

Wie schon an früherer Stelle bemerkt: Es geht mir nicht darum, einen "Glauben" oder gar eine "Religion" zu promoten. Nichts ist ärgerlicher als der Versuch, einem Gegenüber seine Meinung überstülpen zu wollen. Ich will an dieser Stelle lediglich darauf aufmerksam machen, dass einige der größten Weisheitslehrer der Weltgeschichte den Menschen eben nicht als ein Stückchen Fleisch betrachteten, sondern als unsterbliches Wesen. Dies sollte zumindest zu denken geben.

Jedenfalls ist es richtig, uns selbst weitaus mehr Fähigkeiten zuzugestehen, als es uns die "Erziehung", das Elternhaus, Freunde und die Umwelt bislang erlaubten. Dabei ist es gleichgültig, ob wir der Idee der Wiedergeburt anhängen und mit ihr liebäugeln oder nicht. Es kann nicht falsch sein, das Beste aus uns zu machen, aus welcher Himmelsrichtung wir auch immer kommen und was auch immer unsere ureigenste Philosophie und Weltsicht ist.

Fest steht außerdem, dass wir dann zur Hochform auflaufen – als Partner, Elternteil, Sohn, Tochter oder Hundehalter –, wenn wir nicht versuchen zu ***nehmen***, sondern wenn wir die Einstellung kultivieren, dass es weitaus besser ist zu ***geben***. Man ist dann von größtem Nutzen für andere, wenn man das Beste aus sich macht und sich darum bemüht, zu geben, zu geben und nochmals zu geben.

EINE KLEINE SUCCESS-STORY

Beschließen wir dieses Kapitel mit einer kleinen Success-Story, die mir im Laufe meiner Beratungstätigkeit widerfuhr, denn sie illustriert einige Punkte dieses Kapitels sehr genau. Und sie illustriert, dass jede Person einmalig ist und unverwechselbar.

Vor ein paar Jahren suchte ein Musiker meinen Rat, weil er seinen Hund, der auf den schönen Namen ***Odin*** hörte, nicht davon abbringen konnte, Katzen zu jagen. Auch dieser Mann hatte, wie so viele andere meiner Klienten, bereits alle möglichen Praktiken ausprobiert, aber erfolglos.

Anfänglich hörte ich nur zu. Der Musiker teilte mir zunächst mit, dass Hunde generell immer und ausnahmslos über einen "Jagdinstinkt" verfügen, der genetisch verankert sei. Der erste Schritt bestand also darin, den Herrn der Melodien und Harmonien über die Grenzen der Genetik aufzuklären, die heute unendlich überschätzt wird. Es handelt sich um eine neue Form des Aberglaubens, der sich allerdings mit dem Wörtchen "Wissenschaft" tarnt. Die Genetik ist eine teuflische Philosophie, denn sie schränkt uns ein und degradiert uns. Ich habe bereits darauf aufmerksam gemacht. Ich redete mir also den Mund fusselig, bis der Gedanke in den Musikus einsank und er erkannte, dass er einem falschen "Glauben" aufgesessen war.

Sofort fühlte er sich wohler. Er distanzierte sich von der "Opferrolle", die mit dem Glauben an Gene Hand in Hand geht. Noch einmal: Wenn man an Gene glaubt wie an einen Götzen, besitzt man natürlich keinerlei Chancen, etwas zu verändern. Auch der Glaube an die Allmacht der "Umwelt", den die Soziologen predigen, ist nebenbei bemerkt mit Vorsicht zu genießen. Wie gesagt: Unmittelbar trat die erste Besserung ein, aber dieser Umstand löste noch nicht das ganze Problem.

Der zweite Schritt, der notwendig war, bestand in einigen kleinen Ausführungen über Schwingungen, denn das war ihm als Musiker sehr geläufig, sowie die Möglichkeit der Übertragung von Schwingungen. Plötzlich wurde mein Klient selbst in den Mittelpunkt des Geschehens gerückt. Nach einer Weile erkannte er erstaunt, dass er ständig Schwingungen übertrug, auch auf seinen Hund. Er erkannte weiter, dass das Leben aus verschiedenen Themenkreisen besteht und dass alles Existierende mehr oder weniger eng miteinander verbunden ist. Mit anderen Worten, er wurde für den Bruchteil eines Augenblicks zum Pythagoreer, ironisch ausgedrückt, er begann, langsam auch für andere Bereiche des Lebens Verantwortung zu übernehmen.

Im dritten Schritt riskierte der Hundebesitzer einen schnellen Blick auf seine "Glaubenssätze". Überrascht erkannt er auf einmal, dass er seinem Hund Odin mit schlechtem Beispiel voranging. Auch er war ständig "auf der Jagd". Er suchte als Musiker unaufhörlich Anerkennung und Applaus. Wie viele Künstler war er dem Saft "Bewunderung" verfallen. Die Reaktion des Publikums war ihm alles. (Nur eine Nebenbemerkung: Wenige wissen, dass viele Künstler, die auf der Bühne stehen, die Länge des Applauses exakt mit einer Uhr messen und die Sekunden zählen, wie lange er anhält.) Mein Musiker erkannte jedenfalls, dass das seine Einstellung war - dass er also dem Applaus "nachjagte" - und dass sich diese Einstellung auf Odin übertrug. Ständig hechelte er dem Beifall hinterher. Schließlich entschied sich mein Klient, dass er diese Einstellung ändern musste, und tatsächlich war er stark genug, diese Schwingungen bei sich selbst abzustellen. Ich war begeistert.

Es hört sich fast an wie im Märchen, aber es ist nichtsdestotrotz wahr: Odins Interesse, Katzen zwanghaft zu jagen, ließ nach, ja es verschwand mit der Zeit völlig. Mein Musiker konnte es fast nicht glauben. Also holte er sich tatsächlich zahlreiche Katzen ins Haus. Aber das Interesse seines Hundes an Katzen war völlig erlahmt. Weitaus wichtiger war jedoch der Umstand, dass dieser Musiker ein neues Leben begann. Er gibt seine Konzerte inzwischen mit einer ganz anderen Einstellung als zuvor. Er jagt nicht mehr der Zustimmung und dem Applaus nach. Selbst wenn alle Besucher den Saal, in dem er gerade musiziert, unter Protest verlassen würden, könnte er inzwischen eine solche "Niederlage" leicht verkraften. Denn hat nicht jeder das Recht auf seine eigene Meinung und auf seine eigenen Gefühle?

Mein Musiker stellt mittlerweile nur noch die Musik, die er selbst ehrlich liebt, in den Mittelpunkt seiner Konzerte. Er hört auf sein Herz, wie der Volksmund so schön sagt. Das Ergebnis ist, dass er sich weitaus freier und besser fühlt, ja dass er in seiner Profession einen gewaltigen Sprung nach vorn machte. Er ist inzwischen weitaus erfolgreicher als früher. Er ist frei von den Meinungen anderer, wodurch sein Leben freudvoller und leichter geworden ist. - Auch Odin gewann. Je mehr "Lebenskreise" gewinnen, umso richtiger ist eine Aktion. Aber alles beginnt mit uns selbst.

10.

DIE DREI-SCHRITTE-ERFOLGSFORMEL

Gehen wir nun noch einmal ins Detail. Fragen wir uns, wie kann man die Erkenntnisse, die wir gewonnen haben, direkt und unmittelbar umsetzen? Hierzu ist es lediglich notwendig, die ***Drei-Schritte-Erfolgsformel*** anzuwenden. Sie funktioniert selbst bei einem scheinbar "unlösbaren Fall", der in der Folge ebenfalls besprochen werden wird. Und sie funktioniert, wenn das wahre Ziel darin besteht, zu Geld, ja zu viel Geld zu kommen. Aber zunächst, was versteht man unter der ***Drei-Schritte-Erfolgsformel***?

DIE FORMEL

Es handelt sich hierbei um die Methode, das Verhalten des eigenen Hunds dazu zu nutzen, um persönlichen "Fehlern" und alten "Programmierungen" den Garaus zu machen. Tatsächlich kann man sie jeden Tag anwenden. Das Resultat wird beinahe immer darin bestehen, dass sich sowohl die eigene Haltung als auch das Verhalten des Hundes fundamental ändert – sofern man die Formel "pur" anwendet, ohne künstliche Zusätze.

Man könnte die Formel theoretisch ständig benutzen und sie mehrmals am Tag einsetzen. Aber es ist weiser, am Anfang nur ***eine*** Situation genauer unter die Lupe zu nehmen. Bevor man beginnen sollte, ist dies angezeigt:

VORSTUFE

Kaufe dir als Erstes ein Notizbuch mit vielen leeren, weißen Seiten - eines, das du mit Freuden in die Hand nimmst, wenn du es nur ansiehst. Strapazieren wir noch einmal die Schwingungstheorie: Selbst Gegenstände verfügen in gewissem Sinne über "Schwingungen" und eine "Ausstrahlung". Manchmal sind sogar Gegenstände schier "lebendig" - nicht nur im Märchen. Man beobachte nur einmal Kinder, wie sie mit geliebten Objekten umgehen. Jedenfalls sollte es dir Freude bereiten, wenn du das Buch nur ansiehst. Dann unternimm dies:

SCHRITT 1

Beobachte, wenn dein Hund sich auf eine Weise verhält, wie du es (bewusst) ***nicht*** beabsichtigt hast. Schreibe deine Beobachtungen genau auf. Ideal ist es, wenn du sofort den Stift zur Hand nimmst, sobald die Situation auftritt. Ich empfehle, entweder zu Hause damit zu beginnen oder das Notizbüchlein immer bei sich zu tragen, falls du dich nicht in deinem Heim aufhältst. Gehe bei deinen Beobachtungen ins Detail. Halte exakt fest, was in welcher Reihenfolge passiert.

SCHRITT 2

Gehe jetzt in Berührung mit dir selbst, das heißt, erforsche deine Gedanken. Was dachtest du, kurz bevor oder in dem Moment, da "es" geschah? Untersuche auch deine Gefühle. Welche Empfindungen und Emotionen durchströmten dich? Wichtig ist es, unbedingt vollkommen ehrlich gegenüber dir selbst zu sein. Ist es möglich, dass du deinem Hund unbewusst ein Signal zu der Tat geschickt hast?

Falls die Antwort *ja* lautet, akzeptiere die Tatsache. Versuche nicht, die Schuld auf "äußere Umstände" abzuladen oder deinen Hund verantwortlich zu machen.

Der Zeitpunkt ist von besonderer Bedeutung. Noch einmal: Es geht um ein paar Momente oder auch nur um eine Sekunde vor dem Ereignis. Schreibe alles auf, was dir spontan einfällt. Es mag sich durchaus so verhalten, dass dir am Anfang der Zusammenhang rätselhaft erscheint. Lass dich dadurch nicht irritieren. Gehe auf jeden Fall davon aus, dass ***du*** die Ursache bist - der Wirkung, die du auf den Hund ausgeübt hast.

SCHRITT 3

Vergleiche nun die Schritte 1 und 2. Zunehmend wirst du Zusammenhänge entdecken, die dir zuvor nicht aufgefallen waren. Es handelt sich um eine spannende Entdeckungsreise. Behandle das Ganze wie ein Spiel oder wie ein Abenteuer.

DIE ENTDECKUNGSSREISE

Wende diese Drei-Schritte-Formel nun jeden Tag an. Wenn du offen und ehrlich zu dir selbst bist, werden sich die erstaunlichsten Erkenntnisse einstellen. Du wirst nach und nach präzise Zusammenhänge entdecken zwischen deiner Haltung und dem, was dein Hund tut. Dein Hund zeigt dir 1:1 auf, wann du "aus deiner Mitte kippst", wie ich das gern ausdrücke. Er zeigt dir auf, was du bei dir korrigieren musst. Nach einiger Zeit wirst du erkennen, dass das Verhalten deines Hundes nur das Resultat deines Denkens und deiner Gefühle ist.

Sobald du die Zusammenhänge siehst, ist es Zeit, dich selbst "umzuprogrammieren". Es kommt darauf an, dass du so zu denken lernst, wie ***du*** denken willst. Lasse dich nicht von äußeren Umständen irritieren. Stelle dir vor - denkend, fühlend, handelnd -, dass du eine mutige, kräftige, selbstsichere, vertrauensvolle, ruhige und unabhängige Person bist. Stelle dir vor, dass du ein vorbildlicher ***Leader*** bist, was deinen Hund angeht.

Zweifle nicht einen Augenblick lang daran, ob du tatsächlich aus der Sicht des Hundes zu einem ***Leader*** aufsteigen kannst oder nicht. Auch dieser Zweifel ist eine Kommunikation, die das Tier empfängt. Fokussiere dich vollständig darauf, dass du genau dieser Leader-Typus bist. Setze diese Gedanken und Gefühle geradezu wie einen Gegenstand, der sich plötzlich materialisiert, in die Welt.

Gehe davon aus, dass du Ursache bist und dass diese Ursache "auf der anderen Seite", bei deinem Hund, eine Wirkung verursacht. Der Erfolg wird sich über kurz oder lang einstellen. Ein hübscher Nebeneffekt besteht darin, dass sich alte Programme, die im "Unterbewusstsein" oder wo auch immer begraben liegen, auflösen und umgeschrieben werden. Alle möglichen negativen Gedanken oder Gefühle werden verschwinden, wie etwa:

- *“Die Welt ist elender Ort.”*
- *“Man kann ohnehin nichts ändern.”*
- *“Ich bin nur das Ergebnis meiner Umgebung.”*
- *“Was wohl andere von mir denken werden?”*
- *“Alles ist sowieso umsonst.”*
- “...”

Es werden also die erstaunlichsten Dinge passieren, bei dir selbst und mit deinem Hund.

DER »UNLÖSBARE« FALL

Hier nun als Beispiel ein “unlösbarer Fall”, der manche elektrisieren wird. Vor etwa anderthalb Jahren besuchte mich ein Herr, nennen wir ihn D., zusammen mit seinem Hund namens Rex, einem ***Hovawart***. Im Mittelhochdeutschen bedeutet ***Hova*** = Hund und ***Wart*** = Wächter. Es handelte sich ursprünglich also um einen “Hofwächter” oder einen “Hofhund”, eine Rasse, die nebenbei bemerkt schon im Mittelalter existierte. Einst wurde der Hovawart als “derber Bauernhund” abqualifiziert. Der Hovawart ist mittelgroß, kraftvoll, verfügt über eine breite Stirn, braune Augen und dreieckige Hängeohren. Das gewellte Haarkleid ist schwarz oder blond.

Die Situation mit dem Hovawart war wirklich verfahren. Rex ging stets aggressiv auf andere Hunde und Menschen los. Einen fremden Hundebesitzer biss er gar in die Pobacke. Zudem attackierte er regelmäßig und unerwartet andere Hunde. D. erhielt sogar Besuch vom Veterinäramt, weil Alarmmeldungen von Tierärzten eingetrudelt waren sowie von dem Arzt des Hundebesitzers, der in den Allerwertesten gebissen worden war. Die Situation war wirklich knifflig.

Zunächst ließ ich D. einfach reden. D. erzählte mir aufgebracht, dass er es ablehne, seinem Hund einen Maulkorb überzustreifen. Weiter sei er nicht bereit, Rex ständig an die Leine zu nehmen. Es liege an der Umwelt, an anderen Menschen und anderen Hunden! Er fuhr fort, mir zu erklären, dass sich inzwischen doch nur noch jeder um sich selbst kümmere. Außerdem könne man keiner Menschenseele mehr über den Weg trauen. Sein Nachbar nehme keinerlei Rücksicht auf andere und drehe seine Musik so überlaut auf, dass es eine Schande sei und man es auf der ganzen Straße hören könne. Und überhaupt laufe in der Welt alles in die falsche Richtung. Er bezweifle, dass er etwas unternehmen könne und ob eine Änderung möglich sei ... Ich bin sicher, du hast nun eine gute Vorstellung, um welche Art von Zeitgenossen es sich handelte.

Was tun, sprach Zeus? Nun, ich versorgte D. zunächst mit einer Aufgabe. Sie bestand darin, Rex während der nächsten drei Wochen nicht von der Leine zu lassen. Außerdem sollte D. sich jeden Morgen nach dem Aufstehen zehn Dinge aufschreiben, für die er dankbar war. Wenn er sich tatsächlich dieser Mühe unterziehen würde, dürfe er nach drei Wochen wiederkommen. Ich ordnete an, das Notizbuch mit den "Dankbarkeitslisten" im Falle eines Falles mitzubringen. Herr D. schaute mich zunächst ungläubig an. Vermutlich verfluchte er mich innerlich und wünschte mich zum Teufel. Er drehte sich auf dem Absatz um und verschwand. Ich dachte schon, dass ich ihn nie wiedersehen würde.

Aber tatsächlich rief mich D. nach drei Wochen an, um einen neuen Termin mit mir zu vereinbaren. Als wir wieder einander gegenüber saßen, war er fast nicht wiederzuerkennen. Völlig ruhig erzählte er mir, dass sein Rex inzwischen sehr viel ausgeglichener sei. Wir besprachen im Detail die Dankbarkeitsliste. Dann analysierten wir zusammen zwei bis drei Situationen, in denen Rex an der Leine gezerrt und er andere Menschen und Hunde verbellt hatte. Weiter durchleuchteten wir einige Begegnungen, die reibungslos verlaufen waren.

Natürlich wollte ich genau wissen, was er selbst in jenen Momenten, die offenbar "funktioniert" hatten, von den jeweils anderen Menschen und Hunden *gedacht* hatte. Auch seine Gefühle interessierten mich. D. dachte angestrengt nach. Er hielt ehrlich Innenschau und versuchte, sich selbst zu ergründen. Gleichzeitig gestand er mir, dass dies eine unglaublich spannende Angelegenheit sei. Schließlich erkannte D. den Zusammenhang zwischen seiner eigenen Haltung und dem Verhalten seines Hundes - es fiel ihm plötzlich wie Schuppen von den Augen. Da er selbst innerlich Aggressionen verspürte - gegen andere Menschen, gegen Hunde, ja gegen die gesamte Welt -, las Rex seine Schwingungen und passte sich ihm nur an. Er verhielt sich exakt nach dem "Gesetz der Schwingung", wie man das nennen könnte, sprich D.s Schwingungen übertrugen sich auf Rex. Und nach dem "Gesetz der Führung", das wir längst etabliert haben, handelte Rex einfach wie sein Herrchen.

Aber D. berichtete auch über einen Umstand, der ihn regelmäßig auf die Palme brachte. Es störte ihn ungemein, dass ein anderer Hundebesitzer, der ihm entgegenkam, nicht so reagierte, wie *er* es wünschte. Er erwartete, dass der andere Hundebesitzer höflich zur Seite ging, um ihn den Weg freizumachen. Ich empfahl, den Spieß einfach umzudrehen und das Gesetz von Ursache und Wirkung auszutesten, das da lautet: Was immer du aussendest, kommt zu dir zurück. Sprich, er sollte genau das tun, was er von dem anderen Hundebesitzer erwartete. Gleichzeitig gab ich ihm den Aufgabe, freundlich zu grüßen. Und so betrachteten wir einige seiner Verhaltensweisen unter dem Vergrößerungsglas.

D. verabschiedete sich zufrieden.

Schon nach drei Tagen rief er mich überglücklich an. Er erzählte mir, dass die Menschen außerordentlich freundlich zu ihm seien und sich bei ihm bedankt hätten. Ich schmunzelte nur insgeheim, weil der scheinbar "unlösbare Fall" in Wahrheit ein leichter Fall war - alles war so offensichtlich. D. entschied sich im Übrigen, künftig Rex dazu zu nutzen, um mehr über sich selbst herauszufinden. Er führte von Stund an höchst sorgfältig sein Notizbuch und versuchte, seine eigene Haltung genau zu ergründen, wann immer Rex bestimmte Reaktionen zeigte. Gleichzeitig führte er seine Dankbarkeitsliste weiter.

Später gab ich ihm zusätzlich die Aufgabe, drei Menschen, die ihn nervten und die ihm spontan in den Sinn kamen, bedingungslose Liebe zu schicken - gewissermaßen über den Äther. Natürlich ging und gehe ich davon aus, dass diese Botschaften am anderen Ende ankommen. Wenn schon Hunde telepathisch begabt sind, warum dann nicht auch Menschen? Und warum sollten wir eigentlich immer in der Kategorie von "unüberbrückbarem Raum" denken? Gibt es nicht zahlreiche Beispiele, da Menschen über eine Entfernung von Tausenden von Kilometern oder Meilen "Zuneigung senden" können? Sofern man sich in einem fantastisch guten Verhältnis mit einer Person befindet, spielen Entfernungen keine Rolle. Jedenfalls erfüllte D. auch diese Aufgabe zu meiner vollsten Zufriedenheit. Ich glaube, ich brauche kaum weiter auszuführen, was in der Folge geschah. Natürlich verbesserte sich das Verhältnis D.s zu anderen Menschen schlagartig.

Später suchte mich D. trotzdem noch ein paar Mal auf - wenn ihm eine Reaktion seines Hundes schleierhaft war und er sie einfach nicht entschlüsseln konnte. Immer schärfer sah er hin. Und immer genauer kam er dabei sich selbst auf die Spur - und seinen hinderlichen Glaubenssätzen. ("Die Welt ist schlecht!" "Ich bin ein Opfer meiner Umgebung!" Und so weiter ...) Kurz gesagt veränderte er seine Programme. Zu seinem vollständigen

Erstaunen bemerkte auch er, dass er seine Programme einfach umschreiben konnte. Er verstand sogar, was er alles bewirken konnte. Und er war schier fassungslos, als er endgültig erkannte, wie mächtig seine Gedanken waren.

Zuerst wütete er gegen seine Eltern, wegen der hinderlichen Programme, die sie ihm eingeflüstert und die er aufgezeichnet hatte. Aber dieser Zorn war nur von kurzer Dauer - speziell als ich ihm erklärte, dass seine Eltern selbst auf solchen oder ähnlichen Programmen "liefen" und sie umgekehrt ihnen früher eingetrichtert worden waren. Sie wussten nicht, dass sie nicht wussten.

Nach etwa neun Monaten waren er und Rex wie ausgewechselt, es handelte sich scheinbar um vollständig andere Wesen. Die Aggressivität des Hundes existierte nicht mehr. Und im letzten Sommer erzählte mir D., dass er mit seinem Nachbarn, der ihm mit seiner lauten Musik auf die Nerven gegangen war, gemeinsam im Garten ein Grillfest veranstaltet hatte.

NOCH EINMAL: DIE DREI-SCHRITTE-ERFOLGSFORMEL

Ohne Weiteres lassen sich die drei Schritte im Fall von D. erneut erkennen und ausmachen - wenn es bei diesem Beispiel auch der Mehrarbeit bedurfte. Es gilt also immer, den Einzelfall in Augenschein zu nehmen. Manchmal muss man zunächst einige kleinere Stufen nehmen, und mitunter muss man den Katalog der Maßnahmen etwas erweitern. Es kommt immer auf die individuellen Gegebenheiten an. Ferner ist das persönliche Gespräch wichtig. Fragen, die in die richtige Richtung führen, können Gold wert sein. Und positiv ist immer eine Person oder ein Ansprechpartner, um gemeinsam herauszutüfteln, was Sache ist.

Aber abgesehen von diesen Einschränkungen gibt es eigentlich keinen Grund unter der Sonne, warum man das Experiment nicht auch selbst wagen könnte. Die grundlegende "Philosophie", nach der ich operiere, ist immer die gleiche. Das beweist auch ein Fall, der deswegen so spektakulär ist, weil sich der Hundebesitzer im Grunde wünschte, wie Dagobert Duck im Geld zu baden ...

DIE BEIDEN SEITEN DES MAMMONS

Kein Thema ist heikler und brenzliger als das Thema *Geld*. Wir alle sind von ihm abhängig, jedenfalls zu einem gewissen Grad, und sei es auch nur, um zu überleben, geschweige denn wenn wir uns etwas extravagantere Wünsche erfüllen wollen. Wir brauchen den verflixten Mammon einfach.

Die Weisheitsliteratur ist voll von Sprüchen rund um das liebe Geld, aber es gibt auch "Programmierungen", die man besser mit Vorsicht genießt. Ein wichtiger Schritt in Richtung Wohlstand besteht darin, all die subtilen, verborgenen und heimlichen Einflüsterungen beiseitezuschieben, die da sagen, Geld sei des Teufels, an den Händen der Reichen klebe immer Blut oder es sei unsozial, viel zu verdienen. Letztlich läuft alles darauf hinaus, Geld nicht als etwas Verwerfliches anzusehen. Es ist richtig, eine gesunde Einstellung zum Geld zu entwickeln, jedoch ohne sich darauf zu fixieren oder es für den Mittelpunkt des Universums zu halten. Geld ist denkbar unwichtig und wichtig gleichzeitig. Dennoch darf man nicht vom Geld betrunken werden. Wichtig ist vor allem: Man sollte sich nicht einseitig darauf fixieren und Geld für den Mittelpunkt des Weltalls halten. Aber jetzt zu unserem konkreten Fall.

DER DAGOBERT-DUCK-FALL

Es handelte sich bei E., wie wir ihn nennen wollen, um einen Herrn, der etwa 50 Jahre alt war und eine Führungsposition innerhalb einer bedeutenden Firma bekleidete. Aber er verstand nicht, warum er sich nicht auf seinen Hund, der auf den Namen Jack hörte, verlassen konnte. Jack war ein ***Malinois***, sprich eine Variante des belgischen Schäferhundes.

Das erste Mal, als E. bei mir einen Termin wahrnahm, befragte ich ihn ausführlich nach seinem Verhältnis zu seiner Arbeit und zu seinem Team. E. gab mir zu verstehen, dass die Zusammenarbeit im Allgemeinen ganz gut funktioniere, aber zeitweise würde es an Motivation und Begeisterung fehlen. Aber, so fuhr er fort, mit etwas Dampf könne man alle Räder wieder zum Laufen kriegen. 'Aha ...', dachte ich insgeheim.

Ich fragte ihn, was sein eigentliches Ziel sei? Abgerichtete Angestellte? Ein abgerichteter Hund? Und welches Ziel verfolgte er bezüglich sich selbst? War er zufrieden, nur ein Rädchen innerhalb eines Systems zu sein? E. begann nachzudenken. Schließlich fragte ich ihn, ob er bereit wäre, sich auf ein Abenteuer einzulassen.

Da E. zustimmte, machten wir uns daran, gemeinsam herauszutüfteln, wo seine wahren Interessen lagen. Wofür konnte er sich ehrlich begeistern? Endlich gab er zu, dass er schon von Kindesbeinen an das Ziel verfolgt hatte, wie Dagobert Duck förmlich im Geld zu schwimmen. Er hatte als junger Spund Geldscheine gezeichnet, sie ausgeschnitten und sie sich unter das Kopfkissen gelegt. "Eigentlich" war ihm daran gelegen, eine eigene Firma zu besitzen. Im Gegensatz zu Dagobert Duck, der in den Comicheften als Geizhals gezeichnet wird, war ihm jedoch gleichzeitig daran gelegen, auch anderen Menschen zu helfen, zu Geld zu kommen und über genügend Geld zu verfügen.

Wir fanden schließlich heraus, dass es ein paar hinderliche "Programme" gab, die aus der Kindheit stammten und die E. ohne sein Wissen abgespeichert hatte. Sie bewirkten, dass er seinen Traum nicht leben konnte. Das waren die Sätze, die ihm seine Eltern eingebläut hatten:

- *"Bleibe realistisch."*
- *"Warum glaubst ausgerechnet du, zu viel Geld kommen zu können?"*
- *"Du bist nicht in die Familie Rockefeller hineingeboren worden."*
- *"Eine Erbschaft kannst du nicht erwarten."*
- *"Auf der Welt wird dir nichts geschenkt."*
- *"Als Angestellter hast du es einfacher. Du hast weniger Verantwortung und mehr Sicherheit."*
- *"Sicherheit ist wichtig."*
- *"Mit einer eigenen Firma musst du ständig auf Kundenjagd gehen."*
- *"Als Firmeninhaber musst du viel mehr arbeiten."*
- *"Als Angestellter hast du eine geregelte Arbeitszeit."*
- *"Als Angestellter kannst du dich auf den Feierabend und auf die Ferien freuen."*

Natürlich handelte es sich hierbei um Glaubenssätze, die fest abgespeichert waren. Wir fanden weiter heraus, dass er von der Angst geplagt wurde, er könne ein eigenes Unternehmen nicht zum Laufen bringen. E. fürchtete die Schadenfreude seiner Eltern. Vielleicht würden sie sich über ihn lustig machen? Möglicherweise würde er versagen? Na und so weiter. E. erkannte endlich, dass er noch immer ein kleiner Junge war, der sich nur hatte ausbremsen lassen.

Um die Story abzukürzen. E. realisierte zudem, dass er auch als Angestellter auf einem Schleudersitz saß und jederzeit entlassen werden konnte. Auch in seiner jetzigen Firma gab es keine ultimative Sicherheit. Weiter verstand er, dass er durch seine innere Haltung seine Untergebenen negativ beeinflusste. Er verhielt sich nicht wie ein echter Leader. Er bog seine Untergebenen nur zurecht. Am schlimmsten aber war: Er bremste die eigene Person aus. Er musste auch sich selbst ständig "Dampf unter dem Hintern machen", nicht nur seinen Untergebenen. Kein Wunder also, warum er sich nicht auf Jack verlassen konnte. Der Hund spiegelte ihn nur.

Nach einer Weile teilte ich ihm mit, er müsse eine Entscheidung treffen. Und zwar rasch, denn echte Leader würden sich schnell entscheiden. Und sie blieben bei ihren Entscheidungen. Je größer die Entscheidung, umso mehr Mut sei notwendig - umso größer sei jedoch schlussendlich auch der Gewinn. Schließlich entschied sich E., seinen Traum zu verwirklichen.

Heute ist E. selbstständig und führt voller Begeisterung seine eigene Finanz-Beratungsfirma - und das mit durchschlagendem Erfolg. E. ist Herr seines Tagesablaufes und liebt seine Arbeit. Inzwischen verdient er bedeutend mehr Geld als früher. Er hat mehr Freizeit und schwärmt von seinem neuen Team, das er sich aufgebaut hat. Nicht einmal im Traum denkt er daran, sich pensionieren zu lassen, denn die neuen Aufgaben und Herausforderungen bereiten ihm Spaß. E. sprudelt im Gegenteil über vor Ideen, die er noch umsetzen will.

Und Jack sein Hund? Der Malinois? Auch hier ist alles längst in Butter. Der Hund richtet sich inzwischen vollkommen nach der Haltung seines Besitzers aus. Haltung, Gedanken und Gefühle sind alles. Aber ich brauche wohl kaum hinzuzufügen, dass das bessere Verhalten Jacks nur ein "netter Nebeneffekt" war.

11.

EINBLICKE UND AUSBLICKE

Natürlich kann man nicht alle Probleme, die man hat, mit einem Hund lösen. Auf der anderen Seite ist es erstaunlich, wie vielen Problemen man gemeinsam mit seinem Hund zu Leibe rücken kann. Persönlich bin ich immer skeptisch, wenn ein Heilpraktiker oder Arzt behauptet, er habe eine Erfolgsquote von 100 Prozent - wobei ich meine Aktivitäten nicht mit diesen Berufen vergleichen will. Aber wenn ich entsprechende Werbestatements höre, weiß ich automatisch, dass es sich nicht um die Wahrheit handelt. Niemand hat zu 100 Prozent Erfolg.

DIE GRENZEN – ODER: WAS MAN EINGESTEHEN MUSS

Es sei zugegeben: Einem Psychopathen oder einer durch und durch destruktiven Persönlichkeit vermag man mit meiner Methode nicht zu "helfen", ja man darf nicht einmal darauf hoffen, dass sich winzige Verbesserungen einstellen. Jeder Mensch, der keinerlei Gefühle kennt, jeder Zeitgenosse, der beschlossen hat, "über Leichen zu gehen", oder der vollkommen und ausschließlich materialistisch eingestellt ist und nicht einmal zugesteht, dass es so etwas wie eine "Seelenebene" gibt, wird meine Methode von vornherein ablehnen.

Weiter ist es falsch, den Hund als "Lügendetektor" für alles und jedes zu benutzen und sich selbst pausenlos zu hinterfragen. Der Hund sollte lediglich gelegentlich als Spiegel dienen, nicht kontinuierlich. Weiter muss man zugestehen, dass es "von Haus aus" leicht lenkbare Hunde gibt und schwerere Fälle.

Erstaunlich ist trotzdem der Umstand, dass sich ein Mensch, der mir nicht die Wahrheit erzählt und der mir (bewusst oder unbewusst) etwas vorflunkert oder sich selbst belügt, seinen Hund zu einem seltsamen Gebaren verführt. Wenn Herrchen oder Frauchen Lügen auftischt oder sich selbst die Wahrheit vorenthält, beginnt der Hund unruhig zu werden. Sofort weiß ich in einem solchen Fall, dass etwas nicht stimmt. Die Ausnahmen bilden vollkommen abgerichtete "Hunde-Bio-Roboter", die so "erzogen" und abgerichtet worden sind, dass sie selbst dann nicht reagieren würden, wenn ein Haus über ihnen zusammenstürzen würde.

Zugeben muss man weiter, dass man manchmal eine gewisse Zeit braucht, um zu einem Ergebnis zu gelangen. Manchmal kann man sich nur langsam an einen Fall herantasten.

SELBSTERKENNTNIS UND TOLERANZ

Ein positiver Nebeneffekt meiner Methode besteht darin, dass man eine unglaubliche Toleranz entwickelt. Wie ich bereits in dem Kapitel über die Natur festgehalten habe, besitzt jedes Individuum, jede Spezies und jedes Tier seine Daseinsberechtigung.

"Natur" ist wertneutral und gewissermaßen "objektiv". Und so besteht die erste und höchste Tugend darin, jedem und allem seine spezielle Individualität und Einzigartigkeit zuzugestehen.

Jeder Mensch, der sich verbessern möchte, beschließt jedoch selbst, was *er* ändern oder verändern möchte, nicht *ich* bin ausschlaggebend. Grundsätzlich geht es nicht im Geringsten um meine Person. Es geht um die Verbesserung des Individuums selbst, das allein bestimmt, was unter Umständen korrekturbedürftig ist. Die eigenen Ziele und Wünsche kann niemand außer dem Betroffenen selbst definieren. Es ist deshalb manchmal wichtig, einfach den Mund zu halten und zuzuhören. Falsch ist es immer, einer anderen Person eine vorgefasste Meinung aufzudrängen. Das funktioniert nie. Wenn man diese Methode anwendet, so degradiert man auch den Menschen zu einem Roboter. Noch einmal: Nicht *ich* bestimme, was richtig ist. Das Individuum selbst entscheidet, was es verändern möchte. Mein Ziel sind keine abhängigen "Kunden" oder gar "Patienten", wie das manchmal in der Psychoanalyse der Fall ist - von der Psychiatrie will ich gar nicht erst anfangen zu reden. Der Mensch muss selbst alte Programme ausräumen und nicht mit neuen Programmen traktiert werden. Es muss ihm vollständige Selbstbestimmung zugestanden werden. Mein Ziel sind freie, glückliche Menschen.

Nur das Individuum selbst kennt seine eigenen heimlichen Träume. Je größer diese Träume und Ziele sind, umso besser. Es gilt der Satz: Alles, was man denken kann, kann man auch tun. Ideen, Vorstellungen und Träume sind vielleicht das kostbarste, was der Mensch besitzt.

NOCH EINMAL: DIE GRENZEN

Dennoch muss ich zugeben, dass es auch "beratungsresistente" Zeitgenossen gibt. Wenn sich der Mensch selbst in den Kopf setzt, dass er bereits alles weiß, so schießt er das erste Eigentor. Es gibt weiter verschlossene Knospen, die sich weigern, sich zu öffnen. Ferner gibt es Zeitgenossen, die vollkommen damit zufrieden sind, sich von den Massenmedien wie ein Automat steuern zu lassen. Sie wagen es nicht, aus der vorgeformten Realität auszubrechen, die andere diktieren. Darüber hinaus gibt es Menschen, die zu unbeweglich sind, um ihrem alten Denken Lebewohl zu sagen. Es gibt sogar Personen, die glasklar erkennen, dass sie zum Beispiel unter dem Pantoffel ihres (Ehe-)Partners stehen, der sie sogar noch unterdrückt, aber dennoch nicht bereit sind, die Konsequenzen zu ziehen. Die Angst vor dem Alleinsein kann mächtiger sein als die Bereitschaft, etwas zu ändern. Es kann kurzfristig bequemer sein, im Elend und in der Unwahrheit zu leben, als einer Sache ins Auge zu schauen.

Deshalb beginnt die positive Veränderung bei der Person selbst, die immer eine grundlegende Bereitschaft mitbringen muss. Dazu ist ein gewisses Maß an "Selbstliebe" notwendig, ein Ausdruck, den ich in diesem Zusammenhang positiv verstanden wissen will. Man muss bereit sein, sich zunächst selbst in den Mittelpunkt zu rücken, denn nur dann kann man auch auf andere Bereiche des Lebens positiv einwirken.

Niemand sollte im Übrigen darauf hoffen, dass ihn sein Umfeld bei seinen Bemühungen unterstützt. Wenn man in Richtung Freiheit wandert, sondert man sich von der Masse ab. Das gefällt einigen Zeitgenossen nicht, und sie versuchen in der Folge, das Rad wieder zurückzudrehen. Es benötigt also ein gewisses Maß an Stärke, seinen Weg zu gehen. Aber bleiben wir positiv und konzentrieren wir uns auf das, was machbar ist.

WAS TATSÄCHLICH ERREICHBAR IST

Meines Erachtens ist es begeisternd, was auf der anderen Seite realisiert werden kann. Es ist schier unvorstellbar, was sich alles ändert, wenn alte Programme plötzlich ihre Macht verlieren. Auch die Einsicht, dass unsere Gesellschaft zu über 90 Prozent nur "antike" Programme abspult, ja vielleicht zu 99 Prozent, ist erstaunlich. Dies gibt uns einen Fingerzeig, in welche Richtung wir denken und uns bewegen müssen. Die gesamte "Geschichte", auf die wir so stolz sind, beruht zu einem Großteil auf alten Programmen.

Aber wichtiger sind zunächst die positiven Veränderungen beim Individuum. Tatsächlich habe ich selbst Verbesserungen beobachtet, die man auf den ersten Blick für unmöglich gehalten hätte. Einige dieser "Success-Storys" habe ich im Rahmen dieses Buches zitiert. Das Leben kann eine völlig neue Qualität erreichen, wenn man bestimmte Dinge, Haltungen und Einstellungen verändert. Der Knackpunkt sind immer die eigenen Gedanken und Gefühle. Wenn man tatsächlich die volle Reichweite der Erkenntnis versteht, dass Gedanken konkrete ***Macht*** besitzen, ist nur der Himmel die Grenze.

Zu all diesen Einsichten kann uns der eigene Hund führen, was in sich selbst erstaunlich ist.

Persönlich glaube ich, dass Hunde spirituell hochbegabt sind. Sie verfügen über die Gabe der Telepathie und können manchmal die Zukunft vorausahnen. Ich entdecke immer wieder mit Erstaunen all die verschiedenen Talente der Hunde. Man gestatte mir, eine letzte Begebenheit zu zitieren, die nichts weniger als begeisternd ist.

DER IMMOBILIENMAKLER UND DER HUND

Ich kannte einen Immobilienmakler, der ständig unterwegs war, um seinen Interessenten Häuser und Wohnungen zu zeigen. Der Job verlangte ihm alles ab. Jeden Tag kam er zu völlig unterschiedlichen Zeiten nach Hause. Aber seine Frau konnte stets relativ genau vorhersagen, wann er sich entschied aufzubrechen, das heißt, wann er sich von seinem letzten Kunden verabschiedete und er sich also auf den Nachhauseweg begab. Der Grund? Argos, sein Hund, der immer ruhig in seinem Korb lag, ging nämlich plötzlich zur Eingangstür und blieb dort sitzen, wenn Herrchen aufbrach. Dann wusste die Frau des Immobilienmaklers, was Sache war. Sie wusste in diesem Fall mit absoluter Gewissheit, dass sich ihr Mann vor etwa 3 bis 5 Sekunden entschlossen hatte, aufzubrechen und nach Hause zu fahren.

Sie kannte nicht die genaue Uhrzeit, wann ihr Mann zu Hause ankommen würde, weil sich die Wohnungen und Objekte, die er seinen Interessenten zeigte, an unterschiedlichen Orten befanden. Aber sie war vollkommen sicher, ***dass*** er aufgebrochen war. Der Immobilienmakler und seine Frau stellten das mit absoluter Gewissheit fest, weil sie sich den Spaß erlaubten, mehrmals einen exakten Uhrenvergleich anzustellen. Und: Sobald der Immobilienmakler aufbrach, sprang Argos aus seinem Korb und blieb so lange vor der Tür sitzen, bis sein Herrchen zu Hause eintraf.

BESONDERE TALENTE

Das ist kein Einzelfall. Ähnliche “unglaubliche” Geschichten erlebte ich immer wieder. Und wenn man Hundefreunde befragt, hört man ähnliche Berichte zuhauf. Was bedeutet das für uns?

Nun, es bedeutet, dass wir vollständig umdenken müssen. Wir können es nicht länger gestatten, dass wir Tiere, speziell Hunde, als “niedere” Lebewesen ansehen, die man nach Belieben schlagen, treten, abrichten und quälen darf.

Kein kleines Ergebnis all meiner Experimente besteht darin, dass ich unzweifelhaft feststellen konnte, wie wichtig es ist, dass wir Hunden mit ***sehr*** viel mehr Liebe und Zuneigung begegnen müssen. Nichts ist beschämender, als Tiere abzurichten. Persönlich halte ich es darüber hinaus für einen Skandal, Hunde dazu zu benutzen, neue Medikamente auszutesten. Nicht nur Tierschützer sind hier aufgerufen, gegen solche Praktiken mobil zu machen. Wir leben noch immer in einem vorsintflutlichen Zeitalter, was den Umgang mit Tieren angeht.

Im 18. Jahrhundert - also vor noch nicht allzu langer Zeit - begann man erstmalig, gegen die Sklaverei mobil zu machen, die Antibewegung setzte in England ein. Plötzlich erkannte man, dass auch Afroamerikaner Menschen sind und ein Anrecht auf eine gute Behandlung haben. Es dauerte eine ganze Weile, bis sich die Gesetze änderten, aber schließlich setzte sich das humane Denken durch. Andere Staaten folgten mit einer gewissen Verzögerung.

Im 21. Jahrhundert aber ist die direkte oder indirekte Tierquälerei noch immer erlaubt und bewegt sich nach wie vor im “Rahmen des Gesetzes”. Kommende Generationen werden eines Tages kopfschüttelnd auf unser barbarisches Jahrhundert herabblicken und es kaum glauben können, was “damals” alles gestattet war.

Grundsätzlich brauchen wir völlig neue Methoden, um Tieren gemäß ihrer “Natur” zu begegnen. Um es zu wiederholen: Ich glaube, dass es Millionen von Tiersprachen gibt, die alle noch nicht entziffert worden sind. Das ist begeisternd. Der Hund und das Pferd scheinen jene Tierarten zu sein, die dem Menschen unendlich nahestehen. Ich denke, es gibt zahlreiche weitere Geheimnisse, die nur darauf warten, entschlüsselt zu werden. Jedenfalls ist es angesagt, umzudenken und unser Verhältnis zum Hund einer Revision zu unterziehen.

DIE UMKEHRUNG – ODER: MEIN WEG

Der Umstand ist mehr als faszinierend, dass ich ursprünglich versuchte, das Verhalten des Hundes zu ändern – wobei ich "versehentlich" bei dem Menschen landete. Das lag nicht einmal in meiner Absicht, aber es ergab sich fast zwangsläufig. In diesem Sinne können wir erwarten, dass die (echten) Entdeckungen der Tierwelten für den Menschen noch viele Überraschungen bereithalten, die sein Selbstverständnis verändern werden. Es ist nicht auszuschließen, dass wir von jeder Tierart lernen können, wenn wir nur bereit sind zuzuhören.

Wenn Hunde telepathisch begabt sind, ist es mit Sicherheit auch der Mensch. Und wenn andere Tiere auf ihre spezielle Art miteinander in Kommunikation treten, so eröffnet sich hierbei ein so weites Forschungsfeld, wie es bislang nicht einmal ansatzweise angedacht wurde. Es würde Millionen neuer Gebiete eröffnen. Ein Mensch kann sich mit einer einzigen Tierart, wie dem Hund, ein Leben lang beschäftigten und zu guter Letzt nur einen Teil davon verstehen.

Umgekehrt versteht der Hund den Menschen jedoch immer und ausnahmslos. Das ist eine Tatsache, die man sich zu Gemüte führen und die zum Nachdenken anregen sollte. Man muss das Ergebnis, dass uns unser Hund besser versteht als wir ihn, erst einmal "verdauen". Es gibt offenbar eine magische Verbindung zwischen Mensch und Hund, die weiterer Forschung bedarf. Dabei ist es im Grunde genommen gleichgültig, ob wir das Phänomen quantentheoretisch betrachten, elektromagnetisch, mental, spirituell, wissenschaftlich, biologisch, physikalisch oder wie auch immer.

WISSENSCHAFT UND PHILOSOPHIE

Es mag sehr wohl sein, dass, aus einem bestimmten Blickwinkel betrachtet, einige "Wissenschaften" bestenfalls Hilfsmittel sind, um einige wenige Aspekte der Hundesprache einigermaßen holprig entziffern zu können. "Wissenschaft" ist ja selbst nichts anderes als ein Popanz, als ein Götze, den wir nur deshalb so hoch aufs Podest stellen, weil wir mit bestimmten Programmen gefüttert worden sind, die uns allesamt weismachen, dass es sich hierbei um Wahrheit handelt. Echte Wissenschaft ändert sich jedoch ständig, sie wartet unaufhörlich mit neuen Ergebnissen auf und wirft alte Thesen über den Haufen. Wissenschaftliche Gesetze, die heute noch unumschränkte Zustimmung genießen, landen morgen schon wieder auf dem Abfallhaufen der Geschichte. Die größten Fortschritte im Rahmen der Wissenschaft wurden immer dann gemacht, wenn sich eine Einzelperson über bisherige "Gesetze" erheben konnte und alte Paradigmen einfach über Bord warf.

Auch verschiedene "Philosophien" und Religionen sowie die Esoterik und spirituelle Ansätze bieten gute Anhaltspunkte, um sich der Tierwelt zu nähern. Man kann sich also von verschiedenen Seiten inspirieren lassen, von Pythagoras genauso wie von Franz von Assisi, dem christlichen Heiligen aus dem 12. Jahrhundert, der angeblich mit Tieren sprechen konnte. Selbst Philosophien, die einander entgegengesetzt sind, bieten bei genauer Betrachtungsweise manchmal Zugangswege, die sich nur ergänzen.

Jedenfalls sollte das vorliegende Buch dazu benutzt werden, den Blick zu schärfen, was den Hund angeht ***und*** den Menschen. Alle möglichen Wissenschaften, Denkansätze und Philosophien mögen dabei helfen. Wenn wir genau so vorgehen, ist es nicht auszuschließen, dass wir uns am Beginn einer Revolution befinden, in deren Mittelpunkt Toleranz, Verständnis und Liebe stehen.

QUELLEN- UND LITERATURVERZEICHNIS

Der Dog Whisperer

1) Viktor Farkas: Rätselhafte Wirklichkeiten, Rottenburg 2011, S. 86

2) Viktor Farkas, a. a. O., S. 87

3) Frank Fabian: Pädagogisches Manifest, Suhl 2005, S. 4

4) Will Durant: Das Zeitalter der Reformation, München 1981, S. 353

5) Frank Fabian: Die geheim gehaltene Geschichte Deutschlands, München 2015, S. 195 ff.

Urteile und Vorurteile

1) Heinrich, R. E., S. G. Strait, P. Houde: Earliest Eocene Miacidae (Mammalia: Carnivora) from Northwestern Wyoming, Journal of Paleontology 82 (1), 2007, S. 154 ff.

2) Vgl. Wikipedia, Stichwort "Kampfhund"

3) Vgl. Hans Räber, Vom Wolf zum Rassehund, Mürlenbach 1999

4) Lutz Röhrich, Lexikon der sprichwörtlichen Redensarten, Band 2, o. O., S. 755 ff.

5) Vgl. Wikipedia, Stichwort "Pawlow"

Pythagoras - oder: Ein neues Konzept

1) Vgl. Konrad Dietzfelbinger: Pythagoras, Königsdorf 2005 sowie Will Durant: Der Ferne Osten und der Aufstieg Griechenlands, München 1981, S. 435. Die Freundschaft gegenüber allem, was existiert ist, ist genauer beschrieben in: Iamblichos, De vita Pythagorica, hrsg. Michael von Albrecht, Jamblich: Pythagoras. Legende - Lehre - Lebensgestaltung, Darmstadt 2002 (griechischer Text und deutsche Übersetzung), S. 229 f.

2) Will Durant, a. a. O., S. 435 und S. 437, vgl. weiter B. L. van der Waerden: Die Pythagoreer, Zürich 1979, S. 15 ff. und Dietzelfelbinger, a. a. O., S. 8

3) Siehe https://youtu.be/shh31MTUL3M

Erstaunliche Erfolge

1) Vgl. Peggy Andover, https://youtu.be/H6LEcM0E0io sowie https://youtu.be/9hBfnXACsOI

Außergewöhnliche Fähigkeiten

1) http://de.wikipedia.org/wiki/Nilhechte

2) Vgl. Siegfried H. Jaeckel: Kopffüsser Tintenfische, Wittenberg Lutherstadt 1957, S. 72

3) Thor Heyerdahl: Ein Floß treibt über den Pazifik, Wien 1946

4) W. E. Ankel: Pottwalfang bei den Azoren, ohne Ortsangabe, 1955, S. 604-613

5) https://www.zeit.de/wissen/umwelt/2012-01/hunde-kommunikation

6) Vgl. "Haben Hunde Übernatürliche Sinne?"; Birthe Thompson; https://wissen-hund.de/haben-hunde-ubernaturliche-sinne/

Wissenschaft und Wissen

1) Vgl. www.brucelipton.com/about, weiter https://youtu.be/GCG1zj3mxOw, sowie https://www.greggbraden.com/about-gregg-braden/

Wege, die zum Ziel fühlen

1) Frank Fabian: Was wir aus 10.000 Jahren Geschichte lernen können, Clearwater 2014, S. 23

2) Siehe Ha. A. Mehler: Pokerspiel, Güllesheim 2006, das Nachwort ist hier auszugsweise zitiert

3) Vgl. Goethe und die Idee der Wiedergeburt, s. www.jenseits-von-allem.de/Zitate.htm

Die Drei-Schritte-Erfolgsformel

1) Vgl. verschiedene Zitat-Wörterbücher sowie Ha. A. Mehler: Die Bibel des finanziellen Erfolgs, Clearwater 2015

ZUR AUTORIN

Elisa S. Suter, geboren und wohnhaft in der Schweiz, absolvierte zunächst eine Ausbildung zur Primarlehrerin und unterrichtete Schüler aller Altersklassen, bevor sie sich näher mit der Tierwelt beschäftigte, der schon seit frühester Kindheit ihr besonderes Interesse galt.

Als sie sich selbst ihren "Traum vom Hund" erfüllte, lernte sie die gesamte Bandbreite der "Hundeszene" kennen, in verschiedenen europäischen Ländern, in den USA und in Australien. Ernüchtert von den erfolglosen und teilweise grausamen Methoden gründete sie 2016 ihre eigene Hundeschule und Beratungsfirma, die sich aufgrund ihrer außerordentlichen Coachingerfolge und einer völlig neuen Methode sofort zu einem "Geheimtipp" entwickelte.

Heute berät die Autorin regelmäßig Hundebesitzer, Hundehalter und Hundefreunde. Ihr Schwerpunkt liegt auf der Menschen-Hunde-Sprache, der universellen Sprache und dem Thema Leadership.

Suter engagiert sich zudem regelmäßig im Rahmen von Seminaren, Vorträgen, Gruppenberatungen und Privat-Coachings im Bereich "Human Potential".

208 Seiten, broschiert
ISBN 978-3-89845-646-3
€ [D] 15,00

Elisa S. Suter

Die geheime Sprache der Tiere

Eine neue, revolutionäre Methode, die Ausdrucksweise der Tiere zu entziffern, zu verstehen und zu erlernen

Ein spektakuläres Praxisbuch für alle Tierliebhaber!
Die Schweizer Tierexpertin Elisa S. Suter hört den Tieren aufmerksam zu und zeigt in diesem Buch, wie eine Mensch-Tier-Kommunikation eine geniale Realität sein kann. Sie zeigt, wie die »Think-feel-Methode« funktioniert und worauf man beim »Gespräch« mit seinem Tier – egal welcher Gattung – achten muss. In diesem Buch erwartet Sie eine aufregende Technik, die den Rahmen der »normalen«, allgemein akzeptierten Realität vollständig sprengt. Mit der revolutionären »Think-feel-Methode« Tiere verstehen lernen.

232 Seiten, broschiert
ISBN 978-3-89845-590-9
€ [D] 18,95

Birgit Rusche-Hecker und Annette Dorstijn

Fühlende Wesen

Tiere als Brücke zu unserer wahren Natur

Mit diesem Buch erkennen wir unser Bewusstsein für uns selbst und die Welt um uns herum. Wir erfahren, wie es gelingen kann, unsere Verbundenheit mit uns selbst und anderen fühlenden Wesen wiederherzustellen und zu spüren, welch wichtige, hilfreiche Begleiter unsere Mitgeschöpfe, die Tiere, auf diesem Weg sind.
Eine Inspiration für Menschen, die sich auf den Kern ihres Seins rückbesinnen und ihren Teil zum persönlichen sowie zum Wohl der Tiere beitragen möchten.
Mit gratis MP3 Download

192 Seiten, durchg. farbig, broschiert
ISBN 978-3-89845-597-8
€ [D] 17,00

Birgit Rusche-Hecker & Sonja Macke

Hundephobie

Die Angst überwinden, befreit leben

Aus dem Blickwinkeln einer Therapeutin und einer Klientin mit völlig unterschiedlichen Hundeerfahrungen beleuchtet dieses Buch das Thema Hundephobie, weshalb die doppelte Fülle an Informationen für Menschen mit Angst vor Hunden zu deutlich mehr Verständnis und Klarheit führt. Betroffene lernen durch dieses Buch, ihre Angst besser zu verstehen – und wie sie sie überwinden können.
Die Leser erhalten Tipps, was sie tun können und welche Hilfen es gibt, damit auch sie befreit und ohne Angst vor Hunden ihr Leben genießen können.

45 runde, farbige Karten,
Ø 10 cm, mit Begleitbuch,
160 Seiten, broschiert, in Box
ISBN 978-3-89845-363-9
€ [D] 18,90

Scott Alexander King

Krafttiere für Kinder

Ein Kind in unserer modernen Welt zu sein, ist manchmal schwierig, wenn man eine Entscheidung treffen muss, es einem nicht gut geht oder man traurig ist. Wie schön, wenn man dann einen Freund hat, mit dem man reden kann, der zuhört und hilft. Krafttiere sind diese liebevollen Freunde, die dich unterstützen, dir helfen und dich beraten. Sie geben dir Antwort auf deine Fragen, spenden dir Kraft und Vertrauen und begleiten dich auf deinem Weg durch das Leben.

144 Seiten, illustriert, 2-fbg, broschiert
ISBN 978-3-89845-391-2
€ [D] 14,95

Tina von der Brüggen

Tierkommunikation für Kinder

Wir verstehen uns tierisch gut

In Kindern schlummert die Fähigkeit, telepathisch mit Tieren zu kommunizieren, man muss sie nur wecken. Die erfahrene Tierkommunikatorin Tina von der Brüggen lädt Sie in diesem wunderschön illustrierten Buch ein, gemeinsam mit Ihrem Kind zu lernen, mit Tieren zu sprechen.
In dieser leicht verständlichen, spielerischen Einführung in die Kunst der Tierkommunikation lernt Ihr Kind, die Bedürfnisse der Tiere besser zu verstehen und dadurch Liebe und Respekt für sie zu entwickeln. Spannende Imaginationsreisen und praktische Übungen helfen Ihrem Kind, einfach kinderleicht mit Tieren zu kommunizieren.

192 Seiten, broschiert
ISBN 978-3-89845-371-4
€ [D] 14,95

Gary A. Kowalski

Auf Wiedersehen, geliebter Freund

Heilende Weisheiten für Menschen, die ein Tier verloren haben

Der Verlust eines Haustiers kann eine sehr schmerzvolle Erfahrung sein. Gary Kowalski nimmt uns mit auf eine heilsame Reise voller Wärme und Güte, auf der wir erkennen, wie wir den Tod unseres Gefährten besser überwinden.
Die praktischen Ratschläge zur Trauerarbeit sowie die Hinweise und Anregungen, wie wir das Andenken an unsere vierbeinigen Gefährten würdig wahren können, helfen, die Trauer zuzulassen und den Schmerz zu bewältigen.
Dieses Buch ist ein wunderbarer Trost für alle, die den Tod eines geliebten Haustiers betrauern.

136 Seiten, broschiert
ISBN 978-3-89845-608-1
€ [D] 12,00

Kurt Tepperwein

Was immer du willst

Magnetisch anziehen, was Freude macht

Jeder Mensch besitzt magnetische Kräfte. Er strahlt nicht nur etwas aus, sondern verfügt auch über eine unbewusste Anziehungskraft. Mit Hilfe dieses Buches zeigt Ihnen Kurt Tepperwein, wie Sie Ihre Sinne schärfen und Ihre Magnetkräfte aktivieren können, um Ihrem Leben eine Richtung zu geben, die nicht nur befriedigend ist, sondern die Sie wirklich zufrieden und glücklich macht.
Wenn Sie also magnetisch anziehen wollen, was Freude macht und sich nebenbei von alten Gewohnheiten trennen möchten, halten Sie das absolut richtige Buch in der Hand. Es ist an der Zeit, dass Sie bekommen, was immer Sie wollen!

196 Seiten, durchgehend farbig, broschiert
ISBN 978-3-89845-558-9
€ [D] 18,95

Bend Martinschitz

Die lebendige Kraft der Berge

Das gemeinsame Wachsen von Mensch und Natur

Die magische Gebirgswelt ist schon tausendfach beschrieben worden. Doch nun lernen wir sie neu kennen und betreten terra incognita.
Bernd Martinschitz lässt uns teilhaben an der Kraft der Bergriesen. Er präsentiert Berge erstmals als lebendige Wesen mit eigener Historie sowie die gesamte Landschaft als vitales Feld, in das wir Menschen seit Urzeiten eingewoben sind und von dessen Energien wir profitieren können.
Ein einmaliger Reiseführer in das Lebendige der Natur und zu uns selbst.

256 Seiten, broschiert
ISBN 978-3-89845-655-5
€ [D] 16,00

Daniel Meurois & Anne Givaudan

Eine Reise in die geistige Welt der Tiere

Grenzenlose Erfahrungen, die dein Leben verändern

Dieser Bestseller dokumentiert das Seelenleben der Tiere mit erstaunlichen Erkenntnissen, um den Tieren mit mehr Empathie und Achtung zu begegnen – aber auch uns selbst. Wir lernen unsere Alltagswelt aus überraschender Perspektive kennen.
Aus Gewissenlosigkeit und kurzfristigem Profitdenken, entsteht die Ausbeutung und Vernichtung der Tiere und dieses Buch ist ein Appell an die Menschheit für Vernunft und gegenseitige Achtung.

39 farbige Karten, mit Kurzanleitung, in Box
EAN 4260075280-32-5
€ [D] 25,00

Brigitte Nolting

Wellness- und Aromaöle für jeden Tag

39 Karten für die Anwendung ätherischer Öle

Ob Verspannungen, Hautprobleme oder Stress, ätherische Öle können viele Beschwerden lindern, entspannen, fördern die Gesundheit und streicheln die Seele.
Dieses Kartenset bietet Ihnen einen grundlegenden und einfachen Einstieg in die Welt der ätherischen Öle. Praktische Anwendungsbeispiele der Öle für Körper und Seele, als Raumduft oder in der Aromaküche machen Lust, die wirkungsvolle »Duftmedizin« selbst zu testen.

96 Seiten, 2-fbg., abgerundete Ecken, broschiert
ISBN 978-3-89845-665-4
€ [D] 12,00

Klaus G. Lieg

Die 7 Säulen der Resilienz

Mit ätherischen Ölen das Immunsystem der Seele stärken

Lerne die 7 Säulen der Resilienz in Verbindung mit der Aromatherapie kennen – eine Methode, die es dir ermöglicht, eine größere Belastbarkeit und innere Stärke zu entwickeln. Mithilfe der innovativen Kombination aus bewährten psychologischen Übungen und ätherischen Ölen gelingt es dir, Krisen zu bewältigen, flexibel auf wechselnde Anforderungen zu reagieren und stressreiche, frustrierende oder belastende Situationen souverän zu meistern.

208 Seiten, broschiert
ISBN 978-3-89845-663-0
€ [D] 14,00

Ilona Friederici – Deine Mutmacherin

L(i)ebe dein perfekt unperfektes Leben

Das Leben ist nicht immer perfekt, aber trotzdem schön!
Es gibt Tage, Erlebnisse und Begegnungen, die verändern dein Denken und dann dein Leben. Berührende, authentische (wahre) Kurzgeschichten, die durch einen anderen Blickwinkel und aus einer anderen Perspektive die Sicht aufs Leben gravierend und positiv verändern. Die Mut machen, die Zukunft mit mehr Zuversicht und Optimismus zu sehen.
Lass dich motivieren, das Leben, so unperfekt es auch zu sein scheint, zu leben und zu lieben.
Nach diesem Buch wird es dir gelingen.

256 Seiten, Klappenbroschur
ISBN 978-3-89845-617-3
€ [D] 12,00

Manfred Mohr

Deine Zahlen – deine Sterne

... sich selbst erkennen – andere verstehen

Jeder von uns hat einen schwierigen Chef, merkwürdige Kollegen oder eine Schwiegermutter, mit der der Umgang manchmal kompliziert sein kann. Mit Hilfe der 108 Charaktertypen kann es auf einfache Weise gelingen, das Verhalten dieser Menschen besser zu verstehen und leichter mit ihnen umzugehen.
Dieses Buch lädt ein zur humorvollen Selbsterkenntnis und entspannten Akzeptanz der eigenen Stärken und Schwächen – und der wachsenden Fähigkeit, deine Mitmenschen wie dich selbst mit einem Augenzwinkern so nehmen zu können, wie wir nun einmal sind.

256 Seiten, Klappenbroschur
ISBN 978-3-89845-641-8
€ [D] 12,00

Manfred Mohr

Welcher Bestelltyp bist du?

So werden deine Wünsche wahr!

Ob eine Bestellung beim Universum wirklich funktioniert, hat maßgeblich mit der Persönlichkeit des Wünschenden zu tun.
Dieses Buch beschreibt die 21 unterschiedlichen Bestelltypen – und wie jeder am besten zu Traumwohnung, Traumjob und Traumpartner findet.
Bestellungen beim Universum – individuell und maßgeschneidert für dich!

192 Seiten, Klappenbroschur
ISBN 978-3-89845-661-6
€ [D] 12,00

Werner Ablass

Leide nicht – liebe

Über die Liebe zur Liebe ohne Objekt

Wer leidet, befindet sich auf einer tiefen Schwingungsebene und zieht dementsprechend negative Lebensumstände an. Wer liebt, schwingt auf der höchstmöglichen Schwingungsebene und wird dadurch automatisch zum Magneten für Harmonie, Glück und Erfolg.
Dieses Buch zeigt, wie man trotz aller Widrigkeiten im Alltag in die Schwingung von Agape gelangt – einer Liebe, bei der das Objekt völlig zweitrangig ist. Das heißt: Man liebt nicht, weil man bestimmte Menschen, Dinge oder Situationen liebenswert findet; man liebt, weil man merkt, wie gut es einem dabei geht.